普通高等教育“十四五”规划教材

C语言程序设计习题与实验指导（第二版）

主　编　甄增荣　张　宾

副主编　彭丽叶　白向伟　侯乐乐　韩国英

中国水利水电出版社
www.waterpub.com.cn
·北京·

内 容 提 要

本书是与《C 语言程序设计》（第二版）配套的习题指导与上机实验教材，以提高读者的程序设计能力为目标，以主教材各章的知识点为主线，设计了大量的习题和典型实验例题供练习。

全书共分两部分：习题和实验指导。书中习题和实验例题内容丰富，具有启发性、综合性和实用性，所有代码均在 Visual C++ 6.0 环境下调试通过，可直接引用。

本书内容丰富，注重实践，突出重点、分散难点，知识结构合理、覆盖面广，既可作为高校学生学习“C 语言程序设计”课程的辅导教材，也可作为 C 语言自学者的参考教材。

图书在版编目（CIP）数据

C语言程序设计习题与实验指导 / 甄增荣，张宾主编. -- 2版. -- 北京 : 中国水利水电出版社，2023.8

普通高等教育“十四五”规划教材

ISBN 978-7-5226-1613-1

Ⅰ. ①C… Ⅱ. ①甄… ②张… Ⅲ. ①C语言—程序设计—高等学校—教学参考资料 Ⅳ. ①TP312.8

中国国家版本馆CIP数据核字(2023)第122415号

策划编辑：石永峰　　责任编辑：高辉　　加工编辑：白绍昀　　封面设计：梁燕

书　　名	普通高等教育“十四五”规划教材 C 语言程序设计习题与实验指导（第二版） C YUYAN CHENGXU SHEJI XITI YU SHIYAN ZHIDAO
作　　者	主　编　甄增荣　张　宾 副主编　彭丽叶　白向伟　侯乐乐　韩国英
出版发行	中国水利水电出版社 （北京市海淀区玉渊潭南路 1 号 D 座　100038） 网址：www.waterpub.com.cn E-mail：mchannel@263.net（答疑） sales@mwr.gov.cn 电话：（010）68545888（营销中心）、82562819（组稿）
经　　售	北京科水图书销售有限公司 电话：（010）68545874、63202643 全国各地新华书店和相关出版物销售网点
排　　版	北京万水电子信息有限公司
印　　刷	三河市鑫金马印装有限公司
规　　格	184mm×260mm　16 开本　12.5 印张　320 千字
版　　次	2017 年 2 月第 1 版　2017 年 2 月第 1 次印刷 2023 年 8 月第 2 版　2023 年 8 月第 1 次印刷
印　　数	0001—3000 册
定　　价	36.00 元

前　言

习近平总书记在党的二十大报告中指出“科技是第一生产力、人才是第一资源、创新是第一动力”。大国工匠和高技能人才作为人才强国战略的重要组成部分，在现代化国家建设中起着重要的作用。本教材积极贯彻党的二十大精神，践行立德树人，着重培养学生的专业技能和实践能力。

“C 语言程序设计”是高等院校信息技术类专业开设的一门程序设计语言课程，同时也是教育部考试中心指定的全国计算机等级考试二级考试的科目之一。本书是《C 语言程序设计》（第二版）（甄增荣、田云霞主编，中国水利水电出版社出版）的配套习题与上机实验指导教材。

全书以提高读者的程序设计能力为目标，以主教材各章的知识点为主线，设计了大量的典型习题和实验例题供练习。本书的习题和实验内容丰富，具有启发性、综合性和实用性，所有代码均在 Visual C++ 6.0 环境下调试通过，可直接引用。

全书共分为两部分。第一部分“习题”，分章节精选了大量经典习题；第二部分“实验指导”，分章节按知识点提供了典型的实验题目供读者进行程序设计与练习。在附录中针对第一部分习题给出了参考答案。

书中对每个实验都明确规定了实验目的，提出了具体要求并进行了调试运行。本书可作为“C 语言程序设计”课程的上机实验教材。

全书由甄增荣统稿，张宾、吕晓华、彭丽叶、白向伟、侯乐乐、韩国英、连婷校稿及程序测试。

由于作者水平有限，书中难免存在错误和不妥之处，恳请读者批评指正。

编　者

2023 年 4 月

目　　录

第一部分　习　　题

第二部分　实 验 指 导

附录　习题参考答案

第一部分 习 题

第一单元 C 语言程序设计概述、数据类型、运算符和表达式

一、填空题

1．C 语言只有________个关键字和________种控制语句。

2．每个源程序有且只有一个________函数，系统总是从该函数开始执行 C 语言程序。

3．C 语言程序中有特殊含义的英语单词称为________。

4．C 语言标识符的长度是前________位有效。

5．C 语言中，标识符的命名规则是________。

6．C 语言程序的多行注释可以出现在程序中的任何地方，它总是以________符号作为开始标记，以________符号作为结束标记。

7．符号常量的定义形式是________。

8．无符号基本整型的数据类型符为________，双精度实型的数据类型符为________，字符型的数据类型符为________。

9．数学式 a÷(b×c)的 C 语言表达式为________。

10．已有定义 int x=3;，则表达式 x=x+1.78 的值是________。

11．已有定义 float x=2.5,y=4.7; int a=7;，则表达式 x+a%3*(int)(x+y)%2/4 的值是________。

12．已有定义 int x=10,y=3,z;，则表达式 z=(x%y,x/y) 的值是________。

13．求解赋值表达式 a=(b=10)%(c=6)，则变量 a、b、c 的值依次为________、________、________。

14．求解逗号表达式 x=a=3,6*a 后，则变量 x、a 的值依次为________、________。

15．已有定义 float f=13.8;，则表达式(int)f%3 的值是________。

16．已有定义 double x=3.5;，则表达式 x=(int)x+1 的值是________。

17．设 a、b、c 为整型数，且 a 的值为 2，b 的值为 3，c 的值为 4，表达式 a*=16+(b++)-(++c)的值为________。

18．已有定义 int x=0,y=0;，则计算表达式(x+=2,y=x+3/2,y+5)后，表达式的值是________，变量 x 的值是________，变量 y 的值是________。

19．已有定义 int x=110,y=017;，则计算表达式(x++,++y)后，按十进制表示，变量 x 的值是________，变量 y 的值是________。

20．若已有定义语句 int k=3,j=4;，运行表达式(k+=j,j/=4.0,++j,j+2)后，表达式的值是________，变量 k 的值是________，变量 j 的值是________。

二、选择题

1. 下列说法中正确的是（　　）。
   A. C 语言程序由主函数和 0 个或多个自定义函数组成
   B. C 语言程序由主程序和子程序组成
   C. C 语言程序由子程序组成
   D. C 语言程序由过程组成
2. 下列说法中正确的是（　　）。
   A. C 语言程序总是从第一个定义的函数开始执行
   B. 在 C 语言程序中，要调用的函数必须在 main()函数中定义
   C. C 语言程序总是从 main()函数开始执行
   D. C 语言程序中的 main()函数必须放在程序的开始部分
3. 在 C 语言中，每个语句必须以（　　）结束。
   A. 回车符　　B. 逗号　　C. 冒号　　D. 分号
4. 标识符和关键字间，要用（　　）隔开。
   A. 回车符　　B. 冒号　　C. 空格　　D. 分号
5. 用 C 语言编写的源文件经过编译，若没有产生编译错误，则系统将（　　）。
   A. 生成可执行目标文件　　B. 生成目标文件
   C. 输出运行结果　　D. 自动保存源文件
6. C 语言程序的扩展名为（　　）。
   A. .obj　　B. .c　　C. .exe　　D. .cpp
7. 以下选项中合法的用户标识符是（　　）。
   A. long　　B. _2Test　　C. 3Dmax　　D. A.dat
8. 以下不是关键字的标识符是（　　）。
   A. continue　　B. char　　C. If　　D. default
9. 以下正确的 C 语言整型常量是（　　）。
   A. 32L　　B. 510000　　C. -1.00　　D. 567
10. 以下正确的长整型常量是（　　）。
    A. 2L　　B. 49627　　C. 34566666　　D. 213&
11. 以下正确的实型常量是（　　）。
    A. 5E2.0　　B. E-3　　C. .2E0　　D. 1.3E
12. 以下正确的八进制数是（　　）。
    A. 0135　　B. 068　　C. 013.54　　D. o7
13. 以下正确的十六进制数是（　　）。
    A. 0x　　B. 0x4de　　C. 0x1h　　D. ox77
14. 以下选项中，（　　）是不正确的 C 语言字符型常量。
    A. 'a'　　B. '\x41'　　C. '\101'　　D. "a"
15. 在 C 语言中，字符型数据在计算机内存中以字符的（　　）形式存储。
    A. 原码　　B. 反码　　C. ASCII 码　　D. BCD 码

16．字符串的结束标志是（　　）。

A．0　　B．'0'　　C．'\0'　　D．"0"

17．下列不正确的转义字符是（　　）。

A．\\　　B．\'　　C．074　　D．\0

18．在计算机中，'\n'在内存占用的字节数是（　　）。

A．1　　B．2　　C．3　　D．4

19．字符串"ABC"在内存占用的字节数是（　　）。

A．3　　B．4　　C．6　　D．8

20．要为字符型变量 a 赋初值，下列语句中（　　）是正确的。

A．char a='3';　　B．char a="3";

C．char a=%;　　D．char a=*;

21．算术运算符、赋值运算符和关系运算符的运算优先级按从高到低依次为（　　）。

A．算术运算、赋值运算、关系运算

B．算术运算、关系运算、赋值运算

C．关系运算、赋值运算、算术运算

D．关系运算、算术运算、赋值运算

22．以下运算符中，优先级最低的运算符是（　　）。

A．*　　B．!=　　C．+　　D．=

23．以下运算符中，结合性与其他运算符不同的是（　　）。

A．++　　B．%　　C．/　　D．+

24．C 语言中，要求运算对象只能为整数的运算符是（　　）。

A．%　　B．/　　C．>　　D．*

25．若已定义 x 和 y 为 double 类型，则表达式 x=1,y=x+3/2 的值是（　　）。

A．1　　B．2　　C．2.0　　D．2.5

26．sizeof (double)的结果值是（　　）。

A．8　　B．4　　C．2　　D．出错

27．若 a 为 int 型，且其值为 3，则执行完表达式 a+=a-=a*a 后，a 的值是（　　）。

A．-3　　B．9　　C．-12　　D．6

28．若变量已正确定义，以下合法的赋值表达式是（　　）。

A．a=1/b=2　　B．++(a+b)

C．a=a/(b=5)　　D．y=int(a)+b

29．若变量已正确定义，以下非法的表达式是（　　）。

A．a/=b+c　　B．a%(4.0)

C．a=1/2*(x=y=20,x*3)　　D．a=b=c

30．设 x 为 int 类型，其值为 11，则表达式(x++*1/3)的值是（　　）。

A．3　　B．4　　C．11　　D．12

31．设 a、b 均为 double 型变量，且 a=5.5;b=2.5;，则表达式(int)a+b/b 的值是（　　）。

A．6.500000　　B．6

C．5.500000　　D．6.000000

32．设 k 和 x 均为 int 型变量，且 k=7;x=12;，则能使值为 3 的表达式是（　　）。

A．x%=(k%=5)　　B．x%=(k-k%5)

C．x%=k-k%5　　D．(x%=k)-(k%=5)

33．若 a、b、c 均被定义成整型并已赋大于 1 的值，能正确表示代数式 $\frac{1}{abc}$ 的 C 语言表达式是（　　）。

A．1/(float)a*b*c　　B．1/(a*b*c)

C．1.0/a/b/c　　D．1/a/b/(float)c

34．变量 x、y、z 均为 double 型且已正确赋值，不能正确表示代数式 $\frac{x}{yz}$ 的 C 语言表达式是（　　）。

A．x/y*z　　B．x*(1/(y*z))

C．x/y*1/z　　D．x/y/z

35．不能正确表示代数式 $\frac{ab}{cd}$ 的 C 语言表达式是（　　）。

A．a/(c*d)*b　　B．a*b/c/d

C．a*b/c*d　　D．a*b/(c*d)

36．若题中变量已正确定义并赋值，下面符合 C 语法的表达式是（　　）。

A．a%=7.6　　B．a++,a=7+b+c

C．int(12.3)%4　　D．a=c+d=a+7

37．若 t 已定义为 double 型，则表达式 t=1,t++,t+5 的值为（　　）。

A．7　　B．7.0　　C．2.0　　D．1.0

38．设 f 是实型变量，下列表达式中不是逗号表达式的是（　　）。

A．f=3.2,1.0　　B．f>0,f<10

C．f=2.0,f>0　　D．f=(3.2,1.0)

39．若有定义 int a=3,b=4,c=5;，则执行语句 c=(a+=a-=a),(b=a,c+2);后变量 a、b、c 的值为（　　）。

A．3、4、5　　B．0、0、7

C．0、0、0　　D．0、0、1

40．putchar()函数可以向终端输出一个（　　）。

A．整型变量表达式值　　B．实型变量值

C．字符串　　D．字符或字符型变量值

41．printf("f=%3.2f%%",3.478);的输出结果是（　　）。

A．f=3.48%　　B．f=3.5%

C．f=3.48%%　　D．f=347.8%

42．printf("%c,%d",'a', 'a');的输出结果是（　　）。

A．a,97　　B．a　97

C．97,a　　D．97　a

43. scanf("%c",&a);，若要给变量输入大写字母 A，则以下正确的输入是（　　）。
A. 'A' <回车>　　B. A <回车>
C. "A" <回车>　　D. 以上都不对

44. 若一个 int 类型的数据占 2 字节，则程序段 int x=1;printf("%u,%d",x,x);的输出结果是（　　）。
A. 65535, 1　　B. 1, 65535　　C. 1, 1　　D. 32768,32767

45. 在 Turbo C 中，getchar、putchar、printf、scanf 四个函数，均包含在头文件（　　）中。
A. math.h　　B. stdio.h
C. stbio.h　　D. stdlib.h

46. 复合语句是用（　　）括起来的语句组。
A. ( )　　B. [ ]　　C. { }　　D. < >

47. 下列格式符中，可以用于以八进制形式输出整数的是（　　）。
A. %d　　B. %8d　　C. %o　　D. %ld

48. 下列格式符中，可以用于以十六进制形式输出整数的是（　　）。
A. %16d　　B. %8x　　C. %d16　　D. %d

49. a 是整型变量，c 是字符型变量，下列输入语句中错误的是（　　）。
A. scanf("%d,%c",&a,&c);　　B. scanf("%d%c",a,c);
C. scanf("%d%c",&a,&c);　　D. scanf("d=%d,c=%c",&a,&c);

50. 要使 double x; long a;的数据正确输出，输出语句应是（　　）。
A. printf("%d, %f",a, x);　　B. printf("%d, %1f",a, x);
C. scanf("%1d, %1f",&a, &x);　　D. printf("%1d, %lf",a, x);

三、计算表达式的值

1. 设 int i=1,j=2,k=3;，请写出以下表达式的值及计算后变量 i、j、k 的值。

（1） (++i)*(++j)*(++k)

（2） (i++)*(++j)*(k++)

（3） i=i+j, j=j+k, k=k+i

（4） !(i=j)&&(j=k)

2. 计算下列表达式的值。

（1）3/9　（2）12&&7　（3）(x=13)^9　（4）~14　（5）15/2^1

四、读程序，写结果

1. 下面程序的输出结果是________。

```
#include <stdio.h>
main()
{
    int a,b=10;
    a=5;
    a=a+1;
    b=a;
```

```
    a=b;
    printf("a=%d,b=%d",a,b);
}
```

2. 下面程序的输出结果是________。

```
#include <stdio.h>
main()
{
    int a,b,c;
    a=5;
    b=a;
    a=a++;
    c=++a;
    printf("a=%d,b=%d,c=%d",a,b,c);
}
```

3. 以下程序运行时输入：12345678，输出结果是________。

```
#include <stdio.h>
main()
{
    int a,b;
    scanf("%2d%*2s%2d",&a,&b);
    printf("%d\n",a+b);
}
```

4. 下面程序运行的结果为________。

```
#include <stdio.h>
main()
{
    int a=3,b=5,x,y;
    x=a+1,b+6;
    y=(a+1,b+6);
    printf("x=%d\ny=%d\n",x,y);
}
```

5. 下面程序的输出结果是________。

```
#include <stdio.h>
main()
{
    int c1,c2;
    c1=97;
    c2=98;
    printf("%c %c\n",c1,c2);
    printf("%d %d\n",c1,c2);
}
```

6. 下面程序的输出结果是________。

```
#include <stdio.h>
main()
{
```

```
        float f;
        int i=4;
        f=10/i;
        printf("%f\n",f);
        f=10.0/i;
        printf("%f\n",f);
    }
```

五、编程题

1．编写一个 C 语言程序，其功能是显示以下信息：

```
*************************
***     Hello World!      ***
*************************
```

2．输入 3 个整数，计算它们的和与平均值，平均值的结果保留 2 位小数。

3．设长方形的高为 1.5，宽为 2.3，求该长方形的周长和面积。

4．输入一个大写字母，将其转换为小写字母。

第二单元　选择结构程序设计

一、填空题

1．程序的三种基本控制结构是________结构、________结构和________结构。

2．当 a=3,b=2,c=1 时，则表达式 f=a>b>c 的值是________。

3．当 a=6,b=4,c=2 时，则表达式!(a-b)+c-1&&b+c/2 的值是________。

4．复合语句是用________括起来的语句组。

5．C 语言中的逻辑值“真”是用________表示的，逻辑值“假”是用________表示的。

6．当 c='w',a=1,b=2,d=-5 时，则表达式'x'+1>c,'y'!=c+2,-a-5*b<=d+1,b==a=2 的值分别为________、________、________、________。

7．判断变量 a、b 的值均不为 0 的逻辑表达式为________。

二、选择题

1．逻辑运算符两侧运算对象的数据类型（　　）。

A．只能是 0 或 1　　B．只能是 0 或非 0 正数

C．可以是整型或字符型数据　　D．可以是任何类型的数据

2．当 c 的值不为 0 时，以下能将 c 的值赋给变量 a、b 的是（　　）。

A．c=b=a　　B．(a=c) || (b=c)

C．(a=c) && (b=c)　　D．a=c=b

3．设 x、y、t 均为 int 型变量，则执行语句 x=y=3;t=++x||++y 后，y 的值为（　　）。

A．不定值　　B．4

C．3　　D．1

4．逻辑运算符中，运算优先级按从高到低依次为（　　）。

A．&&，!，||　　B．||，&&，!

C．&&，||，!　　D．!，&&，||

5．表达式!x||a==b 等价于（　　）。

A．!((x||a)==b)　　B．!(x||y)==b

C．!(x||(a==b))　　D．(!x)||(a==b)

6．设整型变量 m、n、a、b、c、d 均为 1，执行(m=a>b)&&(n=c>d)后，m 和 n 的值是（　　）。

A．0，0　　B．0，1

C．1，0　　D．1，1

7．设 a 为整型变量，下列不能正确表达数学关系 10<a<15 的 C 语言表达式是（　　）。

A．10<a<15　　B．a==11|| a==12||a==13||a==14

C．a>10&&a<15　　D．!(a<=10)&&!(a>=15)

8．设 ch 是 char 型变量，其值为'A'，则下面表达式的值是（　　）。

```
ch=(ch>='A'&& ch<='Z')?(ch+32):ch
```

A．A　　　　B．a

C．z　　　　D．Z

9．设 a=1，b=2，c=3，d=4，则表达式 a<b?a:c<d?a:d 的结果为（　　）。

A．4　　　　B．3

C．2　　　　D．1

10．int b=0,x=1;，执行语句 if(x++) b=x+1;后，x 和 b 的值依次为（　　）。

A．2，3　　　　B．2，0

C．3，0　　　　D．3，2

11．选择结构程序设计的特点是（　　）。

A．自上向下逐个执行

B．根据判断条件，选择其中一个分支执行

C．反复执行某些程序代码

D．以上都是

12．以下语句错误的是（　　）。

A．if(x>y);

B．if(x=y)&&(x!=0)x+=y;

C．if(x!=y)scanf("%d",&x);esle scanf("%d",&y);

D．if(x<y){x++;y++;}

13．在 if 语句中，用作判断的条件表达式为（　　）。

A．任意表达式　　　　B．逻辑表达式

C．关系表达式　　　　D．算术表达式

14．为了避免在嵌套的条件语句 if…else 中产生二义性，C 语言规定：else 子句总是与（　　）配对。

A．缩进位置相同的 if　　　　B．同一行上的 if

C．其之后最近的 if　　　　D．其之前最近的 if

15．假定所有变量均已正确定义，下列程序段运行后，x 的值是（　　）。

```
a=b=c=0,x=35;
if(!a) x--;else if(b);if(c)    x=3; else x=4;
```

A．34　　　　B．4

C．35　　　　D．3

16．下列语句中，能够且仅输出整型变量 a、b 中最大值的是（　　）。

A．if(a>b)printf("%d\n",a);printf("%d\n",b)

B．printf("%d\n",b);if(a>b)printf("%d\n",a)

C．if(a>b) printf("%d\n",a);else printf("%d\n",b)

D．if(a<b) printf("%d\n",a);printf("%d\n",b)

17．以下程序段的输出结果是（　　）。

```
int x=5;
if(x>0) y=1;
```

```
else if(x==0) y=0;
else y=2;
printf("%d",y);
```

A．1　　B．2
C．0　　D．不确定的值

18．程序段 int x=5,y=8,max; max=(x>y)?x:y; printf("%d",max);的输出结果是（　　）。

A．5　　B．8　　C．3　　D．13

19．程序段 int x=3,a=1;switch(x) {case 4:a++;case 3:a++;case 2:a++;case 1:a++;}printf ("%d",a);的输出结果是（　　）。

A．1　　B．2　　C．3　　D．4

20．下列语句中，能将小写字母转换为大写字母的是（　　）。

A．if(ch>='a'&ch<='z') ch=ch-32;
B．if(ch>='a'&&ch<='z')ch=ch-32;
C．ch=(ch>='a'&&ch<='z')?ch-32:ch+32;
D．ch=(ch>'a'&&ch<'z')?ch-32:ch;

21．执行以下程序段后，变量 a、b、c 的值分别是（　　）。

```
int x=10,y=9;
int a,b,c;
a=(--x= =y++)? --x: ++y;
b=x++;
c=y;
```

A．a=9，b=9，c=9　　B．a=8，b=8，c=10
C．a=9，b=10，c=9　　D．a=1，b=11，c=10

22．已知 int x=10,y=20,z=30;，以下语句执行后 x、y、z 的值是（　　）。

```
if(x>y)
z=x; x=y; y=z;
```

A．x=10，y=20，z=30　　B．x=20，y=30，z=30
C．x=20，y=30，z=10　　D．x=20，y=30，z=20

23．以下程序的运行结果是（　　）。

```
main()
{
    int m=5;
    if(m++>5)   printf("%d\n",m);
    else        printf("%d\n",m--);
}
```

A．4　　B．5　　C．6　　D．7

24．以下程序的输出结果是（　　）。

```
main()
{   int a=100,x=10,y=20,ok1=5,ok2=0;
    if(x<y)
       if(y!=10)
          if(!ok1)
```

```
            a=1;
        else
            if(ok2)     a=10;
    a=-1;
    printf("%d\n",a);
}
```

A．1　　B．0

C．-1　　D．值不确定

25．若 a、b 均是整型变量，以下 switch 语句正确的是（　　）。

A．
```
switch(a)
{   case 1.0: printf("i\n");
    case 2: printf("you\n");
}
```
B．
```
switch(a)
{   case b: printf("i\n");
    case 1: printf("you\n");
}
```
C．
```
switch(a+b)
{   case 1: printf("i\n");
    case 2*a: printf("you\n");
}
```
D．
```
switch(a+b)
{   case 1: printf("i\n");
    case 2: printf("you\n");
}
```

26．若 w、x、y、z、m 均为 int 型变量，则执行以下语句后的 m 值是（　　）。

```
w=1;  x=2;  y=3;  z=4;
m=(w<x)? w: x;
m=(m<y)?m: y;
m=(x<z)?m: z;
```

A．1　　B．2　　C．3　　D．4

27．请读以下程序：

```
main()
{
   int a=5,b=0,c=0;
   if(a=b+c)
     printf("***\n");
   else
     printf("$$$\n");
}
```

该程序（　　）。

A．有语法错误不能通过编译　　B．可以通过编译但不能通过连接

C．输出***　　D．输出$$$

28．以下程序的输出结果是（　　）。

```
main()
{    int x=1,a=0,b=0;
     switch(x)
     {
          case 0:b++;
          case 1:a++;
          case 2:a++;b++;
     }
     printf("a=%d,b=%d\n",a,b);
}
```

A．a=2,b=1　　B．a=1,b=1

C．a=1,b=0　　D．a=2,b=2

29．以下程序的输出结果是（　　）。

```
main()
{    float x=2.0,y;
     if(x<0.0)y=0.0;
       else if(x<10.0)y=1.0/x;
       else y=1.0;
       printf("%f\n",y);
}
```

A．0.000000　　B．0.250000

C．0.500000　　D．1.000000

30．若执行下述程序时，从键盘输入 6 和 8 时，结果为（　　）。

```
main()
{    int a,b,s;
     scanf("%d%d",&a,&b）;
     s=a
     if(a<b)
     s=b;
     s*=s;
     printf("%d",s);
}
```

A．36　　B．64

C．48　　D．以上都不对

三、读程序，写结果

1．下面程序的输出结果是________。

```
main()
{
     int a=10, b=4, c=3;
     if(a<b) a=b;
     if(a<c) a=c;
     printf("%d,%d,%d\n",a,b,c) ;
}
```

2．下面程序的输出结果是________。

```
main()
{
    int x=100,a=10,b=20,ok1=5,ok2=0 ;
    if(a<b) if(b!=15) if(!ok1) x=1;
    else if(ok2) x=10;
      else x=-1;
    printf("%d\n", x);
}
```

3．下面程序段的输出结果是________。

```
int k,a=1,b=2;
k=(a++==b)?2:3;
printf("%d",k);
```

4．下面程序的输出结果是________。

```
main()
{
    int s=1,k=0;
    switch (s)
    {
        case 1: k+=1;
        case 2: k+=2;
        default: k+=3;
    }
    printf("%d",k);
}
```

5．下面程序的输出结果是________。

```
main()
{
    int s=1,k=0;
    switch (s)
    {
        case 1: k+=1;break;
        case 2: k+=2;break;
        default: k+=3;
    }
    printf("%d",k);
}
```

四、编程题

1．输入三个单精度数，输出其中最小数。

2．输入一个实数，输出它的平方根值，如果输入的数小于 0，输出“输入数据错误”。

3．输入 x 后按下式计算 y 值并输出。要求：用 if 语句实现。

$$y=\begin{cases}x+2x^2+10 & 0\leqslant x\leqslant 8\\ x+3x^3-9 & x<0\text{或}x>8\end{cases}$$

4．输入一个百分制的成绩 t 后，按下式输出它的等级。要求：分别用 if 语句和 switch 语句实现。

90～100 为“A”，80～89 为“B”，70～79 为“C”，60～69 为“D”，59～0 为“E”。

5．输入 3 个整数，按从大到小的顺序输出。

6．某商场举行购物优惠活动（x 代表购物款，y 代表折扣）：x<1600 时 y=0%；x<2400 时 y=5%；x<3200 时 y=10%；x<6400 时 y=15%；x≥6400 时 y=20%。输入购物款后，显示应付款数。

第三单元　循环结构程序设计

一、填空题

1．下面程序的功能是将输入的正整数按逆序输出，请填空。

```
main()
{    int n,s;
     printf("Enter a number:");
     scanf("%d",&n);
     printf("Output:");
     do
     {    s=________;
          printf("%d",s);
          n/=10;
     }while(n!=0);
     printf("\n");
}
```

2．若输入字符串"abcde/"，则以下 while 循环体将执行________次。

```
while((ch=getchar())=='e')
  printf("*");
```

3．下面程序段是从键盘输入的字符中统计数字字符的个数，并用换行符结束循环，请填空。

```
int n=0, c;
c=getchar();
while(________)
{
   if(________)  n++;
   c=getchar();
}
```

4．C 语言中，break 语句通常用于________语句和________语句中。

5．下面程序的功能是输出以下形式的金字塔图案，请填空。

```
   *
  ***
 *****
*******
main()
{
     int i,j,t;
     for(i=1;i<=4;i++)
     {   for(j=1;j<=4-i;j++)
            printf("");
```

```
            for(t=1;t<=________;t++)
                printf("*");
            printf("\n");
        }
    }
```

6．下面程序的功能是统计用 0～9 之间的不同数字组成的三位数的个数，请填空。

```
main()
{   int i,j,k,count=0;
    for(i=1;i<=9;i++)
      for(j=0;j<=9;j++)
        if(________) continue;
        else
            for(k=0;k<=9;k++)
                if(________)    count++;
      printf("%d",count);
}
```

7．从键盘上输入 10 个数，求其平均值，请填空。

```
main()
{
     int i;
     float f,sum;
     for(i=1,sum=0.0;i<11;i++)
     {      _________;
            _________;
     }
      printf("average=%f\n",sum/10);
}
```

8．下列程序为计算 2～100 的偶数的累加和，请填空。

```
#include<stdio.h>
main()
{
     int i,sum=0;
     for(_________)sum+=i;
     printf("sum=%d\n",sum);
}
```

9．下面程序的功能是找出整数的所有因子，请填空。

```
scanf("%d", &x);
i=1;
for(  ; _________;  )
{
     if(x%i= =0) printf("%3d",i);
     i++;
}
```

10．下面程序的功能是求出用数字 0 至 9 可以组成多少个没有重复的三位偶数，请填空。

```
#include<stdio.h>
main()
```

```
{
    int n,i,j,k;
    n=0;
    for(i=1;i<=9;i++)
      for(k=0;k<=8; ________)
        if(k!=i)
          for(j=0;j<=9;j++)
            if(________)
              n++;
    printf("n=%d\n",n);
}
```

11．下面程序的功能是输出 1～100 之间每位数的乘积大于每位数的和的数，请填空。

```
#include<stdio.h>
main()
{
    int n,k=1,s=0,m;
    for(n=1;n<=100;n++)
    {
        k=1;
        s=0;
        ________;
        while(________)
        {
            k*=m%10;
            s+=m%10;
            _______;
        }
        if(k>s)
          printf("%d",n);
    }
}
```

12．下面程序的功能是求 1000 以内的所有完全数，请填空。

（说明：一个数如果恰好等于它的因子之和（除自身外），则称该数为完全数。例如：6=1+2+3，6 为完全数。）

```
#include<stdio.h>
main()
{
    int a,i,m;
    for(a=1;a<=1000;a++)
    {
        for(________;i<=a/2;i++)
        if(!(a%i))
            ________;
        if(m= =a)
        printf("%4d",a);
    }
}
```

13．下面程序的功能是打印 100 以内个位数为 6 且能被 3 整除的所有数，请填空。

```
#include<stdio.h>
main()
{
      int i,j;
      for(i=0; ________; i++)
      {
         j=i*10+6;
         if(________)
            continue;
         printf("%d\",j);
      }
}
```

14．下面程序的功能是计算 100～1000 之间有多少个数其各位数字之和是 5，请填空。

```
#include<stdio.h>
main()
{
      int i,s,k,count=0;
      for(i=100;i<=1000;i++)
      {
         s=0;k=i;
         while(________)
         {
            s+=k%10;k=________;
         }
          if(s!=5)
          ________;
          else
               count++;
      }
      printf("%d",count);
}
```

二、选择题

1．以下程序输出的结果是（　　）。

```
main()
{     int n=9;
      while(n>6)
      {   n--;
          printf("%d",n);
      }
}
```

A．987　　B．876　　C．8765　　D．9876

2．与 while(E)等价的表达式是（　　）。

A．while(!E==0)　　B．while(E==0||E>0)

C．while(E==0)　　D．都不等价

3．执行以下程序后，输出的结果是（　　）。

```
void main()
    {   int x=3;
        do
        {  printf("%d",x-=2);
        }while(!(--x));
    }
```

A．1　　B．3 0　　C．1 -2　　D．死循环

4．下面程序的输出结果是（　　）。

```
main()
{   int k=5;
    while(k--) printf("%d",k-=3);
    printf("\n");
}
```

A．1　　B．2　　C．4　　D．死循环

5．执行以下程序后，输出的结果是（　　）。

```
main()
{
    int y=10;
     do{ y--;} while(--y);
    printf("%d\n",y--);
}
```

A．1　　B．1　　C．8　　D．0

6．若从键盘输入-3，以下程序的输出结果为（　　）。

```
main()
{   int s=0,a=1,n;
    scanf("%d",&n);
    while(a!=n--)
    { s+=1;a=a-2}
    printf("%d\",s);
}
```

A．6　　B．2　　C．4　　D．0

7．以下程序中 while 循环的执行次数是（　　）。

```
main()
{   int i=0;
    while(i<10)
    {  if(i<1) continue;
          if(i==5) break;
       i++;
    }
  …
}
```

A．1　　B．10

C．6　　D．死循环，不能确定次数

8．下列语句中 while 循环执行的次数是（　　）。

```
int k=0;
while(k==1) k++;
```

A．0 次　　B．有语法错误，不能执行

C．一次也不执行　　D．1 次

9．下列循环语句中语法错误的是（　　）。

A．while(x=y)5;　　B．do 2;while (x==b);

C．while(0)　　D．do x++;while(x==10);

10．若变量已正确定义，以下 while 循环的功能是不断循环输出读入的字符，当读入回车换行符时结束循环。正确的程序段是（　　）。

A．while(ch=getchar()=='\N')　　putchar(ch);

B．while(ch=getchar()=='\n')　　putchar(ch);

C．while((ch=getchar())!='\N')　　putchar(ch);

D．while((ch=getchar())!='\n')　　putchar(ch);

11．有以下程序段：

```
int n=0,p;
do{
scanf("%d",&p); n++;
}while(p!=12345 && n<3);
```

此处 do...while 循环的结束条件是（　　）。

A．p 的值不等于 12345 并且 n 的值小于 3

B．p 的值等于 12345 并且 n 的值大于等于 3

C．p 的值不等于 12345 或者 n 的值小于 3

D．p 的值等于 12345 或者 n 的值大于等于 3

12．下面程序中循环体的执行次数是（　　）。

```
a=10;
b=0;
do{ b+=2;a-=2+b; }while(a>=0);
```

A．1　　B．2　　C．3　　D．4

13．以下程序段（　　）。

```
x=-1;
do
    {   x=x*x;   }
while(!x);
```

A．是死循环　　B．循环执行两次

C．循环执行一次　　D．有语法错误

14．以下程序的输出结果是（　　）。

```
int main(void)
{   int n;
    for(n=3;n<=10;n++)
    {     if(n%6==0)break;
          printf("%d\t",n);
```

```
    }
    getch();    return 0;
}
```

A．345　　B．456　　C．345　　D．456

15．以下程序的输出结果是（　　）。

```
int main()
{    int a=1,b;
     for(b=1;b<10;b++)
     {  if(a>=8) break;
          if(a%3!=1)
          {     a+=5;continue;     }
        a+=3;
     }
     printf("%d",b);
}
```

A．3　　B．4　　C．5　　D．6

16．以下程序的输出结果是（　　）。

```
main()
{    int i,sum;
     for(i=1;i<6;i++)
          sum+=i;
     printf("%d\n",sum);
}
```

A．15　　B．14　　C．不确定　　D．0

17．以下程序的运行结果为（　　）。

```
main(void)
{  int i;
   for(i=1;i<=20;i++)
   {    if(i++%3==0)
             if(++i%8==0)
                  printf("%d\t",i);
   }
}
```

A．8　　B．24　　C．32　　D．40

18．执行下面的程序段后，a 的值为（　　）。

```
int a,b;
for(a=1,b=1;a<=100;a++)
{     if(b>=20)
      break;
      if(b%3==1)
      {  b+=3;
         continue;
      }
      b-=5;
}
printf("%d",a);
```

A．7　　B．6　　C．8　　D．9

19．以下程序的输出结果是（　　）。

```
main()
{   int i,n=0;
        for(i=2;i<5;i++)
        {   do{   if(i%4+1 )
                  continue;
                  n++;
              }while(!i);
            n++;
        }
        printf("n=%d\n",n);
}
```

A．n=5　　B．n=2　　C．n=3　　D．n=4

20．以下程序的输出结果是（　　）。

```
main()
{
    int i,s=0;
    for(i=1;i<10;i+=2)   s+=i;
    printf("%d\n",s);
}
```

A．31　　B．25　　C．30　　D．26

21．以下程序的输出结果是（　　）。

```
void main()
{
    int   i=0,s=0;
    for(;;i++)
    {   if(i==3||i==5)   continue;
            if(i==6)   break;
            s+=i;
    }
    printf("%d\n",s);
}
```

A．10　　B．13　　C．7　　D．程序进入死循环

22．以下程序的输出结果是（　　）。

```
main()
{   int i;
    for(i=1;i<6;i++)
    {   if(i%2)
            {printf("#"); continue;}
        printf("*");
    }
    printf("\n");
}
```

A．#*#*#　　B．#####　　C．*****　　D．*#*#*

23．以下程序的输出结果是（　　）。

```
main()
{   int k=10,n=0;
    for(;n<k;)
    {   //n++;
        if(n++%3!=0)
        continue;
        k--;
    }
    printf("%d,%d",k,n);
}
```

A．7,7　　B．6,6　　C．3,3　　D．4,4

24．以下程序的输出结果是（　　）。

```
main()
{   int a=1,b;
    for(b=1;b<10;b++)
    {   if(a>=8) break;
        if(a%2==1) {a+=5;continue;}
        a-=3;
    }
    printf("%d\n",b);
}
```

A．3　　B．4　　C．5　　D．6

25．若 s、a、b、c 均已定义为整型变量，且 a、c 均已赋值（c 大于 0）

```
s=a;
for(b=1;b<=c;b++) s=s+1;
```

与上述程序段功能等价的是（　　）。

A．s=a+b;　　B．s=a+c;　　C．s=s+c;　　D．s=b+c;

26．以下程序的输出结果是（　　）。

```
main()
{  int a=0,i;
   for(i=1;i<5;i++)
   {  switch(i)
      {  case 0:
         case 3:a+=3;
         case 1:
         case 2:a+=3;
         default:a+=5;
      }
   }
   printf("%d\n",a);
}
```

A．31　　B．13　　C．10　　D．20

27．变量已经正确定义，计算 f=n！的语句是（　　）。

A．f=0;for(i=1;i<=n;i++)　f*=i;

B．f=1;for(i=1;i<n;i++)　f*=i;

C．f=1;for(i=n;i>1;i++)　f*=i;

D．f=1;for(i=n;i>=2;i--)　f*=i;

28．求取满足 12+22 +32+…+n2≤1000 的 n，下列正确的语句是（　　）。

A．for(i=1,s=0;(s=s+i*i)<=1000;n=i++)

B．for(i=1,s=0;(s=s+i*i)<=1000;n=++i)

C．for(i=1,s=0;(s=s+i*++i)<=1000;n=i++)

D．for(i=1,s=0;(s=s+i*i++)<=1000;n=i++)

29．有以下程序：

```
main()
{    char k; int i;
     for(i=1;i<3;i++)
     {  scanf("%c",&k);
        switch(k)
          {  case'0':printf("another\n");
             case'1':printf("number\n");
          }
     }
}
```

运行时，输入 01 后按回车键，程序执行后输出结果是（　　）。

A．another
number
another

B．another
number
number

C．another
number

D．number
number

30．若变量已正确定义，要求程序段完成求 5！的计算，不能完成此操作的程序段是（　　）。

A．for(i=1,p=1;i<=5;i++)p*=i;

B．for(i=1;i<=5;i++){ p=1;p*=i;}

C．i=1;p=1;while(i<=5){p*=i;i++;}

D．i=1;p=1;do{p*=i;i++;}while(i<=5)

31．对 for(表达式 1;;表达式 3)，可理解为（　　）。

A．for(表达式 1;0;表达式 3)　　B．for(表达式 1;表达式 3;表达式 3)

C．for(表达式 1;1;表达式 3)　　D．for(表达式 1;表达式 1;表达式 3)

32．执行语句 for(i=1;i++<4;);，i 的值是（　　）。

A．3　　B．4　　C．5　　D．不定

33．下面程序段（　　）。

```
for(t=1;t<=100;t++)
{
   scanf("%d",&x);
   if(x<0)
     continue;
```

```
    printf("%3d",t);
}
```

A．当 x<0 时整个循环结束　　　　　B．x>=0 时什么也不做

C．printf 函数永远也不执行　　　　D．最多允许输出 100 个非负整数

34．下面程序段不是死循环的是（　　）。

A．
```
int i=100;
while(1)
{
  i=i%100+1;
  if(i>100)    break;
}
```

B．
```
for( ;  ;  );
```

C．
```
int k=0;
  do { ++k; } while(k<=0)
```

D．
```
int s=36;
   while(s);   --s;
```

三、读程序，写结果

1．下面程序的输出结果是________。

```
char c1,c2;
for(c1='0',c2='9';c1<c2;c1++,c2--) printf("%c%c",c1,c2);
printf("\n");
```

2．下面程序的输出结果是________。

```
int s,i;
for(s=0,i=0;i<3;i++,s+=i);
  printf("%d\n",s);
```

3．执行以下程序后，输出“#”号的个数是________。

```
void main()
{   int i,j;
    for(i=1;i<5;(++i)++)
      for(j=2;j<=i;j++)   putchar('#');
}
```

4．下面程序的输出结果是________。

```
main()
{  int i=10,j=0;
   do{j=j+i;i--;}while(i>2);
       printf("%d",j);
}
```

5．下面程序的输出结果是________。

```
main()
{char a='A',b='E';int sum=1,i=1;
   do {   sum*=i;
            i++;
      }while(i<=b-a);
```

```
        printf("%d",sum);
    }
```

6．程序段如下：

```
int n1,n2;
scanf("%df" ,&n2);
while(n2!=0)
{   n1=n2%10;
    n2=n2/10;
    printf("%d",n1);
}
```

运行后输入 1298，则输出结果________。

7．下面程序的输出结果是________。

```
void main()
{    int i,j,x=0;
     for(i=0;i<2;i++)
     {    x++;
          for(j=0;j<=3;j++)
          {    if(j%3==1)   continue;
               x++;
          }
          x++;
     }
     printf("x=%d\n",x);
}
```

8．下面程序的输出结果是________。

```
void main()
{    char c1,c2;
     for(c1='0',c2='9';c1<c2;c1++,c2--)
     printf("%c %c",c1,c2);
     printf("\n");
}
```

9．下面程序的输出结果是________。

```
#include<stdio.h>
main()
{
    int a=0, i;
    for(i=1; i<5; i++)
    {    switch(i)
         {
           case 0:
           case 3: a+=2;
           case 1:
           case 2: a+=3;
           default: a+=5;
         }
```

```
    }
    printf("%d\n",a);
}
```

10．下面程序的输出结果是________。

```
#include<stdio.h>
main()
{
    int y=10;
    do{ y--; } while(--y);
    printf("%d\n", y--);
}
```

11．下面程序的输出结果是________。

```
#include<stdio.h>
main()
{
    int i;
    for(i=1;i<=5;i++)
    {
        if(i%2)
            printf("*");
        else
            continue;
        printf("#");
    }
    printf("$\n");
}
```

12．下面程序的输出结果是________。

```
#include<stdio.h>
main()
{
    int i,j,x=0;
    for(i=0;i<2;i++)
    {
        x++;
        for(j=0;j<=3;j++)
        {
            if(j%2)
                continue;
            x++;
        }
        x++;
    }
    printf("x=%d\n",x);
}
```

13．下面程序的输出结果是________。

```
#include<stdio.h>
main()
{
    int x=15;
    while(x>10&&x<50)
    {
        x++;
        if(x/3){x++;break;}
        else  continue;
    }
    printf("%d\n",x);
}
```

14．下面程序的输出结果是________。

```
#include<stdio.h>
main()
{
    int i=1;
    while(i<=15)
        if(++i%3!=2)
            continue;
        else
            printf("%d",i);
    printf("\n");
}
```

15．下面程序的输出结果是________。

```
#include<stdio.h>
main()
{
    int i,j,k=19;
    while(i=k-1)
    {
        k-=3;
        if(k%5==0)
        {
            i++;
            continue;
        }
        else if(k<5)
            break;
        i++;
    }
    printf("i=%d,k=%d\n",i,k);
}
```

16．下面程序的输出结果是________。

```
#include<stdio.h>
main()
```

```
{
    int y,a;
    y=2;
    a=1;
    while(y--!=-1)
    {
    do{
        a*=y;
        a++;
      }while(y--);
    }
    printf("%d,%d",a,y);
}
```

四、编程题

1．输出 100～200 之间不能被 3 整除的数。

2．输出 100～200 之间的全部素数。

3．运用循环结构打印如下所示的效果。

```
    *
   ***
  *****
 *******
*********
 *******
  *****
   ***
    *
```

第四单元　数　　组

一、填空题

1．C 语言数组的下标总是从________开始，不可以为负数；构成数组的各个元素具有相同的________。

2．字符串是以________为结束标志的一维字符数组。有定义：char a[]="";，则 a 数组的长度是________。

3．在 C 语言中，二维数组的元素在内存中的存放方式是________。

4．若有定义：double x[3][5];，则 x 数组中行下标的下限为________，列下标的上限为________。

5．若有定义：int a[3][4]={{1,2},{0},{4,6,8,10}};，则初始化后，a[1][2]的值为________，a[2][1]的值为________。

6．字符串"ab\n\\012\\"的长度是________。

7．下面程序段的输出结果是________。

```
char x[ ]= "the teacher";
int i=0;
while (x[++i]!='\0')
    if (x[i-1]=='t') printf("%c",x[i]);
```

8．欲将字符串 s1 复制到字符串 s2 中，其语句是________。

9．如果在程序中调用了 strcat()函数，则需要预处理命令________。

10．输入 20 个数，输出它们的平均值，以及与平均值之差的绝对值为最小的数组元素。请填空。

```
#include<stdio.h>
#include<math.h>
void main( )
{
    float a[20],pjz=0,s,t;int i,k;
    ________
    for(i=0;i<20;i++) pjz+=a[i];
    ________
    s=fabs(a[0]-pjz);
    for(i=1;i<20;i++)
        if(fabs(a[i]-pjz)<s)
        {
            s=fabs(a[i]-pjz);t=a[i];
        }
    ________
}
```

11．下面程序以每行 10 个数据的形式输出 a 数组，请填空。

```
#include<stdio.h>
void main()
{
    int a[50],i;
    printf("输入 50 个整数:");
    for(i=0;i<50;i++) scanf("%d",________);
        for(i=1;i<=50;i++)
        {
          if(________)
            printf("%3d\n",a[i-1]);
          else
            printf("%3d",a[i-1]);
        }
}
```

12．下面程序的功能是输出数组 s 中最大元素的下标，请填空。

```
#include<stdio.h>
void main()
{
   int k, p;
   int s[]={1,-9,7,2,-10,3};
   for(p=0,k=p;p<6; p++)
       if(s[p]>s[k]) ________;
   printf("%d\n" ,k);
}
```

二、选择题

1．以下关于数组的描述正确的是（　　）。

A．数组的大小是固定的，但可以有不同的类型的数组元素

B．数组的大小是可变的，但所有数组元素的类型必须相同

C．数组的大小是固定的，所有数组元素的类型必须相同

D．数组的大小是可变的，可以有不同的类型的数组元素

2．以下关于一维整型数组 a 的描述正确的是（　　）。

A．int a(10);

B．int n=10,a[n];

C．int n;
scanf("%d",&n);
int a[n];

D．#define SIZE 10
int a[SIZE];

3．要说明一个有 10 个 int 元素的数组，应当选择的语句是（　　）。

A．int a[10];

B．int a[2,5];

C．int a[];

D．int *a[10];

4．以下能正确定义一维数组的语句是（　　）。

A．int a[5]={0,1,2,3,4,5};

B．char a[]={0,1,2,3,4,5};

C．char a={'A','B','C'};

D．int a[5]="0123";

5．在用 C 语言引用数组元素时，其数组下标的数据类型可以是（　　）。

A．整型常量　　B．整型表达式

C．整型常量或整型表达式　　D．任何类型的表达式

6．以下对一维数组 m 进行正确初始化的是（　　）。

A．int m[10]=(0,0,0,0) ;　　B．int m[10]={ };

C．int m[ ]={0};　　D．int m[10]={10*2};

7．若有定义语句：int m[]={5,4,3,2,1},i=4;，则下面对 m 数组元素的引用错误的是（　　）。

A．m[--i]　　B．m[2*2]　　C．m[m[0]]　　D．m[m[i]]

8．已知 int a[10];，则对 a 数组元素引用正确的是（　　）。

A．a[10]　　B．a[3n.5]　　C．a(5)　　D．a[10-10]

9．设变量定义为“int a[4];”，则表达式（　　）不符合 C 语言语法。

A．*a　　B．a[0]　　C．a　　D．a++

10．若有定义 int bb[8];，则以下表达式中不能代表数组元素 bb[1]的地址的是（　　）。

A．&bb[0]+1　　B．&bb[1]　　C．&bb[0]++　　D．bb+1

11．假定 int 类型变量占用两个字节，其有定义 int x[10]={0,2,4};，则数组 x 在内存中所占字节数是（　　）。

A．3　　B．6　　C．10　　D．20

12．假定 float 类型变量占用 4 个字节，其有定义 float x[10]={0.5,2.5,2.4};，则数组 x 在内存中所占字节数是（　　）。

A．3　　B．6　　C．10　　D．40

13．假定 int 类型变量占用 2 个字节，其有定义 int x[5]={0,2,4};，则数组 x 在内存中所占字节数是（　　）。

A．3　　B．6　　C．10　　D．20

14．若有以下说明：

```
int a[12]={1,2,3,4,5,6,7,8,9,10,11,12};
char c='a',d,g;
```

则数值为 4 的表达式是（　　）。

A．a[g-c]　　B．a[4]　　C．a['d'-'c']　　D．a['d'-c]

15．以下叙述中错误的是（　　）。

A．对于 double 类型数组，不可以直接用数组名对数组进行整体输入或输出

B．数组名代表的是数组所占存储区的首地址，其值不可改变

C．当程序执行中，数组元素的下标超出所定义的下标范围时，系统将给出“下标越界”的出错信息

D．可以通过赋初值的方式确定数组元素的个数

16．下述对 C 语言一维数组的描述中正确的是（　　）。

A．任何一维数组的名称都是该数组存储单元的开始地址，且其每个元素按顺序连续占存储空间

B．一维数组的元素在引用时其下标大小没有限制

C．任何一个一维数组的元素，可以根据内存的情况按照先后顺序以连续或非连续的方式占用存储空间

D．一维数组的第一个元素是其下标为 1 的元素

17．下面程序段的功能是给数组所有的元素输入数据，正确的语句是（　　）。

```
#include<stdio.h>
void main( )
{
    int a[10],i=0;
    while(i<10) scanf("%d",________ );
    …
}
```

A．a+(i++)　　B．&a[i+1]　　C．a+i　　D．&a[++i]

18．下面程序的主要功能是输入 10 个整数存入数组 a，再输入一个整数 x，在数组 a 中查找 x。找到则输出 x 在 10 个整数中的序号（从 1 开始）；找不到则输出 0。程序缺少的语句是（　　）。

```
#include<stdio.h>
void main( )
{
    int i,a[10],x,flag=0;
    for(i=0;i<10;i++)
        scanf("%d",&a[i]);
    scanf("%d",&x);
    for(i=0;i<10;i++)
        if(_______) {flag=i+1;break;}
    printf("%d\n",flag);
}
```

A．x!=a[i]　　B．!(x-a[i])　　C．x-a[i]　　D．!x-a[i]

19．执行下面的程序段后，变量 k 的值为（　　）。

```
int k=3,s[2];
s[0]=k;k=s[1]*10;
```

A．不定值　　B．33　　C．30　　D．10

20．下面程序的输出结果是（　　）。

```
#include<stdio.h>
void main( )
{
    int a[]={1,2,3,4,5},i;
    for(i=1;i<5;i＋＋)
       printf("%1d",a[i]-a[i-1]);
}
```

A．11111　　B．1111　　C．111　　D．222

21．下面程序的输出结果是（　　）。

```
#include<stdio.h>
void main( )
{
```

```
    int n[5]={0,0,0},i,k=2;
    for(i=0;i<k;i++) n[i]=n[i]+1;
    printf("%d\n",n[k]);
}
```

A．不确定的值　B．2　C．1　D．0

22．下面程序的输出结果是（　　）。

```
#include<stdio.h>
void main()
{
    int y=18,i=0,j,a[8];
    do
    {   a[i]=y%2;
        i++;
        y=y/2;
    }while(y>=1);
    for(j=i-1;j>=0;j--) printf("%d",a[j]);
    printf("\n");
}
```

A．10000　B．10010　C．00110　D．10100

23．下面程序的输出结果是（　　）。

```
#include<stdio.h>
void main()
{
    int a[10],a1[ ]={1,3,6,9,10},a2[ ]={2,4,7,8,15},i=0,j=0,k;
    for(k=0;k<4;k++)
        if(a1[i]<a2[j]) a[k]=a1[i++];
        else a[k]=a2[j++];
    for(k=0;k<4;k++)
        printf("%d",a[k]);
}
```

A．1234　B．1324　C．2413　D．4321

24．下面程序的输出结果是（　　）。

```
#include<stdio.h>
void main()
{
    int i,k,a[10],p[3];
    k=5;
    for(i=0;i<10;i++) a[i]=i;
      for(i=0;i<3;i++) p[i]=a[i*(i+1)];
        for(i=0;i<3;i++) k+=p[i]*2;
    printf("%d\n",k);
}
```

A．20　B．21　C．22　D．23

25．下面程序的输出结果是（　　）。

```
#include<stdio.h>
```

```
void main()
{
    int n[3],i,j,k;
    for(i=0;i<3;i++)
      n[i]=0;
    k=2;
    for(i=0;i<k;i++)
      for(j=0;j<k;j++)
        n[j]=n[i]+1;
    printf("%d\n",n[1]);
}
```

A．2　　B．1　　C．0　　D．3

26．下面程序的输出结果是（　　）。

```
#include<stdio.h>
void main()
{
    int p[8]={11,12,13,14,15,16,17,18},i=0,j=0;
    while(i++<7)  if(p[i]%2)  j+=p[i];
    printf("%d\n",j);
}
```

A．42　　B．45　　C．56　　D．60

27．下面程序的输出结果是（　　）。

```
#include<stdio.h>
void main()
{
    int p[8]={11,12,13,14,15,16,17,18},i=1,j=1;
    while(i++<7)  if(p[i]%2)  j+=p[i];
    printf("%d\n",j);
}
```

A．42　　B．46　　C．56　　D．60

28．下面程序的输出结果是（　　）。

```
#include<stdio.h>
void main()
{
    int p[8]={11,12,13,14,15,16,17,18},i=0,j=1;
    while(i++<7)
        if(p[i]%2)
        j+=p[i];
        printf("%d\n",j);
}
```

A．42　　B．46　　C．56　　D．60

29．下面程序的输出结果是（　　）。

```
#include<stdio.h>
void main()
```

```
{
    int p[8]={11,12,13,14,15,16,17,18},i=1,j=0;
    while(i++<7)
        if(p[i]%2)
        j+=p[i];
        printf("%d\n",j);
}
```

A. 42　　B. 45　　C. 56　　D. 60

30. 下面程序的输出结果是（　　）。

```
#include<stdio.h>
void main()
{
    int p[7]={11,13,14,15,16,17,18},i=0,k=0;
    while(i<7&&p[i]%2){k=k+p[i];i++;}
    printf("%d\n",k);
}
```

A. 58　　B. 56　　C. 45　　D. 24

31. 下面程序的输出结果是（　　）。

```
#include<stdio.h>
void main()
{
    int p[7]={11,13,14,15,16,17,18},i=1,k=1;
    while(i<7&&p[i]%2){k=k+p[i];i++;}
    printf("%d\n",k);
}
```

A. 58　　B. 56　　C. 45　　D. 14

32. 下面程序的输出结果是（　　）。

```
#include<stdio.h>
void main()
{
    int i,a[10];
    for(i=9;i>=0;i--)a[i]=10-i;
    printf("%d%d%d",a[2],a[5],a[8]);
}
```

A. 258　　B. 741　　C. 852　　D. 369

33. 下面程序的输出结果是（　　）。

```
#include<stdio.h>
void main()
{
    int i,a[10];
    for(i=9;i>=0;i--)a[i]=10-i;
    printf("%d%d%d",a[1],a[3],a[7]);
}
```

A. 258　　B. 741　　C. 852　　D. 973

34．下面程序的输出结果是（　　）。

```
#include<stdio.h>
void main()
{
    int i,a[10];
    for(i=9;i>=0;i--)   a[i]=10-i;
    printf("%d%d%d",a[1],a[3],a[5]);
}
```

A．258　　B．741　　C．852　　D．975

35．下面程序的输出结果是（　　）。

```
#include<stdio.h>
void main()
{
    int i,a[10];
    for(i=9;i>=0;i--)a[i]=10-i;
    printf("%d%d%d",a[3],a[6],a[9]);
}
```

A．258　　B．761　　C．852　　D．369

36．下面程序的输出结果是（　　）。

```
#include<stdio.h>
void main()
{
    int i,a[10];
    for(i=9;i>=0;i--)a[i]=10-i;
    printf("%d%d%d",a[1],a[5],a[9]);
}
```

A．258　　B．741　　C．951　　D．369

37．下面程序的输出结果是（　　）。

```
#include<stdio.h>
void main()
{
    int i,k,a[10],p[3];
    k=5;
    for(i=0;i<10;i++)a[i ]=i;
      for(i=0;i<3;i++)p[i ]=a[i *(i+1)];
        for(i=0;i<3;i++)k+=p[i] *2;
    printf("%d\n",k);
}
```

A．20　　B．21　　C．22　　D．23

38．下面程序的输出结果是（　　）。

```
#include<stdio.h>
void main()
{
    int n[5]={0,0,0},i,k=2;
    for(i=0;i<k;i++)   n[i]=n[i]+1;
```

```
        printf("%d\n",n[k]);
}
```

A．不确定的值　B．2　C．1　D．0

39．下面程序的输出结果是（　　）。

```
#include<stdio.h>
void main()
{
    int i,n[4]={1};
    for(i=1,i<=3;i+ +)
      { n[i]=n[i-1]*2+1;printf("%d",n[i]);}
}
```

A．3 7 10　B．3 6 12　C．2 7 14　D．3 7 15

40．下面程序的输出结果是（　　）。

```
#include<stdio.h>
void main()
{
    int s[12]={1,2,3,4,4,3,2,1,1,1,2,3},c[5]={0},i;
    for(i=0;i<12;i++)c[s[i]]++;
      for(i=1;i<5;i++)printf("%d",c[i]);
    printf("\n");
}
```

A．1 2 3 4　B．2 3 4 4　C．4 3 3 2　D．1 1 2 3

41．下列错误的说明语句是（　　）。

A．char word[]={'T','u','r','b','o','\0'};

B．char word[]={"Turbo\0"};

C．char word[]="Turbo\0";

D．char word[]='Turbo\0';

42．不能把字符串"Hello!"赋给数组 b 的语句是（　　）。

A．char str[10]= {'H','e','l','l','o','!'};

B．char str[10];str="Hello!";

C．char str[10];strcpy(str,"Hello!");

D．char str[10]="Hello!";

43．以下合法的数组定义语句是（　　）。

A．int a[]="string";　B．int a[5]={0,1,2,3,4,5};

C．int s="string";　D．char a[]={0,1,2,3,4,5};

44．下述对 C 语言字符数组的描述中错误的是（　　）。

A．字符数组可以存放字符串

B．字符数组的字符串可以进行整体输入或输出

C．可以在赋值语句中通过赋值运算符“=”对字符数组整体赋值

D．字符数组的下标从 0 开始

45．若有数组定义 char array[]="China";，则数组 array 所占的空间为（　　）。

A．4 个字节　B．5 个字节

C．6 个字节　　　　D．7 个字节

46．下列数组说明语句中错误的是（　　）。

A．double x[5]={2.0,4.0,6.0,8.0,10.0};

B．int y[5]={0,1,3,5,7,9};

C．char c1[]={'1','2','3','4','5'};

D．char c2[]={'\x10','\xa','\x8'};

47．下面对变量 s 初始化中，错误的语句是（　　）。

A．char s[5]={ "abc"};　　　　B．char s[5]={'a','b','c'};

C．char s[5]="";　　　　D．char s[5]="abcdef";

48．已知 char a[20],b[20];，则正确的输出语句是（　　）。

A．gets(a,b);　　　　B．scanf("%s%s",a,b);

C．scanf("%s%s",&a,&b);　　　　D．gets("a"),gets("b");

49．有字符数组 a[80]和 b[80]，则正确的输出语句是（　　）。

A．puts(a,b)　　　　B．printf("%s,%s",a[i],b[i]);

C．putchar(a,b);　　　　D．puts(a);puts(b);

50．如果字符串 s1 大于字符串 s2 则要执行 if 语句的语句 1，应当使用（　　）。

A．if(s1>s2)　　　　B．if(strcmp(s1,s2))

C．if(strcmp(s2,s1)>0)　　　　D．if(strcmp(s1,s2)>0)

51．下面描述正确的是（　　）。

A．两个字符串所包含的字符个数相同，才能比较字符串

B．字符个数多的字符串比字符少的字符串大

C．字符串"stop"与"stop"相等

D．字符串"that"小于字符串"the"

52．判断两个字符串是否相等，正确的表达方式是（　　）。

A．while(s1==s2)　　　　B．while(s1=s2)

C．while(strcmp(s1,s2)==0)　　　　D．while(strcmp(s1,s2)=0)

53．设变量定义为“char s[]="hello\nworld\n";”，则数组 s 中有（　　）个元素。

A．12　　　　B．13　　　　C．14　　　　D．15

54．下列语句中不正确的是（　　）。

A．char a[2]={1,2};　　　　B．char a[2]={'1','2'};

C．char a[2]={'1','2','3'};　　　　D．char a[2]={'1'};

55．若给出以下定义：

```
char x[]="abcdefg";
char y[]={'a','b','c','d','e','f','g'};
```

则正确的叙述为（　　）。

A．数组 x 和数组 y 等价

B．数组 x 和数组 y 的长度相同

C．数组 x 的长度大于数组 y 的长度

D．数组 x 的长度小于数组 y 的长度

56．strlen("abcd\0ef\0g")的返回值是（　　）。

A．4　　B．5　　C．8　　D．9

57．已知：char str1[10],str2[10]={"books"};，则在程序中能够将字符串"books"赋给数组 str1 的正确语句是（　　）。

A．str1={"books"};　　B．strcpy(str1,str2);

C．str1=str2;　　D．strcpy(str2,str1);

58．设有如下定义语句：

```
char str[]="Beijing";
```

则执行 printf("%d\n",strlen(strcpy(str,"China")));后的输出结果为（　　）。

A．5　　B．7　　C．12　　D．14

59．已知：char str1[20]="abcde",str2[20]="xyz";，则执行语句 printf("%d",strlen(strcpy(str1,str2))); 的输出结果是（　　）。

A．9　　B．3　　C．5　　D．8

60．下面程序的输出结果是（　　）。

```
char a[7]="abcdef", b[4]="ABC";
strcpy(a,b);
printf("%c",a[5]);
```

A．空格　　B．\0　　C．e　　D．f

61．下面程序的输出结果是（　　）。

```
char a[3],b[]="china";
a=b;
printf("%s",a);
```

A．china　　B．ch

C．chi　　D．程序出错

62．下面程序的输出结果是（　　）。

```
char c[]="\t\v\\\0will\n";
printf("%d",strlen(c));
```

A．14　　B．3

C．9　　D．字符串中有非法字符，输出值不确定

63．下面程序的输出结果是（　　）。

```
#include<stdio.h>
void main( )
{
      char p[ ]={'a', 'b', 'c'},q[ ]="abc";
      printf("%d %d\n",sizeof(p),sizeof(q));
};
```

A．4 4　　B．3 3　　C．3 4　　D．4 3

64．下面程序的输出结果是（　　）。

```
#include<stdio.h>
#include<string.h>
void main( )
{
```

```
    int i=0;
    char a[10]="abcde",b[]="fgh";
    strcpy(a+1,b+2);
    printf("%s",a);
}
```

A．abcd　　B．ah　　C．agh　　D．abcdefgh

65．若有定义和语句：

```
char s[10];s="abcd";printf("%s\n",s);
```

则运行结果是（　　）。

A．输出 abcd

B．输出 a

C．输出 abcd␣␣␣␣␣（以下␣代表空格）

D．编译不通过

66．下面程序的输出结果是（　　）。

```
#include<stdio.h>
void main()
{
    char str[]="1a2b3c"; int i;
    for(i=0;str[i]!='\0';i++)
    if(str[i]<'0'||str[i]>'9') printf("%c",str[i]);
    printf("\n");
}
```

A．123456789　　B．1a2b3c　　C．abc　　D．123

67. 若有定义语句：char s[100],d[100];int j=0,i=0;，且 s 已赋字符串，下画线处应填（　　），以实现将字符串 s 中的内容复制到字符串 d 中。（注意：不得使用逗号表达式）

```
while(s[i]){d[j]=__________; j++;}
d[j]=0;
```

A．s[i]　　B．s[++i]　　C．s[i++]　　D．s[j]

68．下面程序的功能是（　　）。

```
#include<stdio.h>
void main()
{
    char s[]="father";
    int i,j=0;
    for(i=1;i<6;i++)
    if(s[j]>s[i]) j=i;
    printf("%c,%d\n",s[j],j+1);
}
```

A．输出字符数组 s 中 ASCII 码最大的字符及位置

B．输出字符数组 s 中 ASCII 码最小的字符及位置

C．输出字符数组 s 中 ASCII 码最大的字符及字符串的长度

D．输出字符数组 s 中 ASCII 码最小的字符及字符串的长度

69．下面程序的输出结果是（　　）。

```
#include<stdio.h>
void main()
{
    char ch[7]={"65ab21"};
    int i,s=0;
    for(i=0;ch[i]>= '0'&&ch[i]<='9';i+=2)
    s=10*s+ch[i]- '0';
    printf("%d\n",s);
}
```

A．12ba56　　B．6521　　C．6　　D．62

70．运行下面的程序，如果从键盘上输入：123<空格>456<空格>789<回车>，输出结果是（　　）。

```
#include<stdio.h>
void main()
{
    char s[100]; int c,i;
    scanf("%c",&c); scanf("%d",&i); scanf("%s",s);
    printf("%c,%d,%s\n",c,i,s);
}
```

A．123,456,789　　B．1,456,789

C．1,23,456,789　　D．1,23,456

71．运行下面的程序，如果从键盘上输入：

ab<回车>

c <回车>

def<回车>

则输出结果为（　　）。

```
#include<stdio.h>
#define N 6
void main()
{
    char c[N];
    int i=0;
    for(;i<N;c[i]=getchar(),i++);
    for( i=0;i<N;i++) putchar(c[i]);
    printf("\n");
}
```

A．a
b
c
d
e
f

B．a
b
c
d

C．ab
c
d

D．abcdef

72．运行下面的程序，如果从键盘上输入ABC，输出结果是（　　）。

```
#include<stdio.h>
#include<string.h>
void main()
{
    char ss[10]="12345";
    strcat(ss,"6789");
    gets(ss);printf("%s\n",ss);
}
```

A．ABC　　B．ABC9
C．123456ABC　　D．ABC456789

73．下面程序的输出结果是（　　）。

```
#include<stdio.h>
#include<string.h>
void main()
{
    char str[12]={ 's','t','r','i','n','g'};
    printf("%d\n",strlen(str));
}
```

A．6　　B．7　　C．11　　D．12

74．以下程序段的输出结果是（　　）。

```
char str[]="ab\n\012\\\"";
printf("%d",strlen(str));
```

A．3　　B．4　　C．6　　D．12

75．以下程序段的输出结果是（　　）。

```
char s[]="\\141\141abc\t";
printf("%d\n",strlen(s));
```

A．9　　B．12　　C．13　　D．14

76．若说明：int a[2][3];，则对a数组元素的正确引用是（　　）。

A．a(1,2)　　B．a[1,3]　　C．a[1>2][!1]　　D．a[2][0]

77．若有定义int b[3][4]={0};，则下述正确的是（　　）。

A．此定义语句不正确
B．没有元素可得初值0
C．数组b中各元素均为0
D．数组b中各元素可得初值，但值不一定为0

78．若有以下数组定义，其中不正确的是（　　）。

A．int a[2][3];
B．int b[][3]={0,1,2,3};
C．int c[100][100]={0};
D．int d[3][]={{1,2},{1,2,3},{1,2,3,4}};

79．若有定义int t[5][4];，能正确引用t数组的表达式是（　　）。

A．t[2][4]　　B．t[5][0]　　C．t[0][0]　　D．t[0,0]

80．在定义 int m[ ][3]={1,2,3,4,5,6};后，m[1][0]的值是（　　）。

A．4　　B．1　　C．2　　D．5

81．在定义 int n[5][6]后第 10 个元素是（　　）。

A．n[2][5]　　B．n[2][4]　　C．n[1][3]　　D．n[1][4]

82．若二维数组 c 有 m 列（假设 c[0][0]位于数组的第一个位置），则计算任一元素 c[i][j]在数组中位置的公式为（　　）。

A．i*m+j　　B．j*m+i　　C．i*m+j-1　　D．i*m+j+1

83．若有以下定义语句，则表达式 x[1][1]*x[2][2]的值是（　　）。

```
float x[3][3]={{1.0,2.0,3.0},{4.0,5.0,6.0}};
```

A．0.0　　B．4.0　　C．5.0　　D．6.0

84．以下对二维数组 a 说明正确的是（　　）。

A．int a[3][]　　B．float a(3,4)　　C．double a[1][4]　　D．float a(3)(4)

85．已知 int a[3][4];，则对数组元素引用正确的是（　　）。

A．a[2][4]　　B．a[1,3]　　C．a[1+1][0]　　D．a(2)(1)

86．以下能对二维数组 a 进行正确初始化的语句是（　　）。

A．int a[2][]={{1,0,1},{5,2,3}};

B．int a[][3]={{1,2,3},{4,5,6}};

C．int a[2][4]={{1,2,3},{4,5},{6}};

D．int a[][3]={{1,0,1},{ },{1,1}};

87．已知 int a[3][4]={0};，则下述正确的是（　　）。

A．只有元素 a[0][0]可得到初值 0

B．此说明语句是错误的

C．数组 a 中每个元素都可得到初值，但其值不一定为 0

D．数组 a 中每个元素均得到初值 0

88．已知 int a[][4]={0,0};，则下述错误的是（　　）。

A．数组 a 的每个元素都可得到初值 0

B．二维数组 a 的第一维大小为 1

C．因为二维数组 a 中第二维大小的值除以初值个数的商为 1，故数组 a 的行数为 1

D．只有元素 a[0][0]和 a[0][1]可得到初值 0，其余元素均得不到初值 0

89．在 C 语言中，二维数组元素在内存中的存放方式是（　　）。

A．按行存放　　B．按列存放

C．由用户自己定义　　D．由编译器决定

90．已知 int a[][3]={1,2,3,4,5,6,7};，则数组 a 的第一维大小是（　　）。

A．2　　B．3　　C．4　　D．不确定值

91．二维数组 a 有 m 列，则在 a[i][j]之前的元素个数为（　　）。

A．j*m+i　　B．i*m+j　　C．i*m+j-1　　D．i*m+j+1

92．下面程序的输出结果是（　　）。

```
#include<stdio.h>
void main()
```

```
{
    int a[4][4]={{1,3,5},{2,4,6},{3,5,7}};
    printf("%d%d%d%d\n",a[0][3],a[1][2],a[2][1],a[3][0]);
}
```

A．0650　　B．1470　　C．5430　　D．输出值不定

93．下面程序的输出结果是（　　）。

```
#include<stdio.h>
void main()
{
    int aa[4][4]={{1,2,3,4},{5,6,7,8},{3,9,10,2},{4,2,9,6}};
    int i,s=0;
    for(i=0;i<4;i++) s+=aa[i][1];
    printf("%d\n",s);
}
```

A．11　　B．19　　C．13　　D．20

94．下面程序的输出结果是（　　）。

```
#include<stdio.h>
void main()
{
    int a[3][3]={{1,2},{3,4},{5,6}},i,j,s=0;
    for(i=1;i<3;i++)
    for(j=0;j<=i;j++)   s+=a[i][j];
    printf("%d\n",s);
}
```

A．18　　B．19　　C．20　　D．21

95．若定义如下变量和数组：

```
int i;
int x[3][3]={1,2,3,4,5,6,7,8,9};
```

则语句的输出结果是（　　）。

```
for(i=0;i<3;i++) printf("%d",x[i][2-i]);
```

A．159　　B．147　　C．357　　D．369

96．下面程序的输出结果是（　　）。

```
#include<stdio.h>
void main()
{
    int m[][3]={1,4,7,2,5,8,3,6,9};
    int i,k=2;
    for(i=0;i<3;i++)
    printf("%d",m[k][i]);
}
```

A．258　　B．369　　C．147　　D．789

97．下面程序的输出结果是（　　）。

```
#include<stdio.h>
void main()
```

```
{
    char ch[3][5]={"AAAA","BBB","CC"};
    printf("\"%s\"\n",ch[1]);
}
```

A．"AAAA"　　B．"BBB"　　C．"BBBCC"　　D．"CC"

98．下面程序的输出结果是（　　）。

```
#include<stdio.h>
void main()
{
    char cf[3][5]={"AAAA","BBB","CC"};
    printf("\"%s\"\n",ch[2]);
}
```

A．"AAAA"　　B．"BBB"　　C．"BBBCC"　　D．"CC"

99．下面程序的输出的结果是（　　）。

```
#include<stdio.h>
void main()
{
    char w[ ][10]={"ABCD","EFGH","IJKL","MNOP"},k;
    for(k=1;k<3;k++)
    printf("%s\n",&w[k][k]);
}
```

A．ABCD
FGH
KL
M

B．ABCD
EFG
IJ

C．EFG
JK
O

D．FGH
KL

100．下面程序的输出结果是（　　）。

```
#include<stdio.h>
#include<string.h>
void main( )
{
    char arr[2][4];
    strcpy(arr,"you");strcpy(arr[1],"me");
    arr[0][3]='&';
    printf("%s\n",arr);
}
```

A．you&me　　B．you　　C．me　　D．err

三、读程序，写结果

1．下面程序的输出结果是________。

```
#include<stdio.h>
```

```
#define N 5
void main( )
{
    int a[N]={1,2,3,4,5},i,temp;
    for(i=0;i<N/2;i++)
    {temp=a[i];a[i]=a[N-i-1];a[N-i-1]=temp;}
    printf("\n");
    for(i=0;i<N;i++)   printf("%d ",a[i]);
}
```

2．当从键盘输入 18 时，下面程序的输出结果是________。

```
#include<stdio.h>
void main( )
{
    int x,y,i,a[8],j,u,v;
    scanf("%d",&x);
    y=x;i=0;
    do{
        u=y/2;
        a[i]=y%2;
        i++;y=u;
    }while(y>=1);
    for(j=i-1;j>=0;j--)
      printf("%d",a[j]);
}
```

3．下面程序的输出结果是________。

```
#include<stdio.h>
void main( )
{
    int a[6],i;
    for(i=0;i<6;i++)
    {
      a[i]=9*(i-2+4*(i>3))%5 ;
      printf("%2d",a[i]);
    }
}
```

4．下面程序的输出结果是________。

```
#include<stdio.h>
void main( )
{
    int i,k,a[10],p[3];
    k=5;
    for(i=0;i<10;i++)
        a[i]=i;
    for(i=0;i<3;i++)
```

```
            p[i]=a[i*(i+1)];
        for(i=0;i<3;i++)
            k+=p[i]*2;
        printf("%d\n",k);
    }
```

5．当运行下面程序时，从键盘上输入 7 4 8 9 1 5<回车>，则输出结果是________。

```
#include<stdio.h>
void main ( )
{
    int a[6],i,j,k,m;
    for(i=0;i<6;i++)
    scanf("%d",&a[i]);
    for(i=5;i>=0;i--)
    {
        k=a[5];
        for(j=4;j>=0;j--)
           a[j+1]=a[j] ;
        a[0]=k;
        for(m=0;m<6;m++)
           printf("%d ",a[m]);
        printf("\n");
    }
}
```

6．下面程序的输出结果是________。

```
#include <stdio.h>
void main()
{
    int a[6]={12,4,17,25,27,16},b[6]={27,13,4,25,23,16},i,j;
    for(i=0;i<6;i++)
    {
        for(j=0;j<6;j++) if(a[i]==b[j])break;
        if(j<6) printf("%d ",a[i]);
    }
    printf("\n");
}
```

7．当运行下面程序时，从键盘上输入 changxin<回车>，则输出结果是________。

```
#include<stdio.h>
void main()
{
    char s[80];
    int i;
    for(i=0;i<80;i++)
    {
        s[i]=getchar( );
        if(s[i]=='\n') break;
```

```
    }
    s[i]='\0';i=0;
    while(s[i]) putchar(s[i++]);
    putchar('\n');
}
```

8．当运行下面程序时，从键盘上输入：

China<回车>

Korea<回车>

则输出的结果是________。

```
#include<stdio.h>
#include<string.h>
void main()
{
    char str[10][80],c[80];
    int i;
    for(i=0;i<10;i++) gets(str[i]);
    strcpy(c,str[0]) ;
    for(i=1;i<10;i++)
        if(strlen(c)<strlen(str[i])) strcpy(c,str[i]);
    printf("%s\n",c);
    printf("%d\n",strlen(c));
}
```

9．下面程序的输出结果是________。

```
#include<stdio.h>
void main()
{
    char b[]="Hello,you";
    b[5]=0;
    printf("%s\n",b);
}
```

10．运行程序时，输入：fortran language<回车>，则程序的输出结果是________。

```
#include<stdio.h>
void main()
{
    char str[30];
    gets(str);
    printf("%s\n",str);
}
```

11．运行程序时，输入：fortran language<回车>，则程序的输出结果是________。

```
#include<stdio.h>
void main()
{
    char str[30];
    scanf("%s",str);
    printf("%s\n",str);
}
```

12．下面程序的输出结果是_______。

```
#include<stdio.h>
#include<string.h>
void main()
{
    char str[100]="How do you do";
    strcpy(str+strlen(str)/2,"es she");
    printf("%s\n",str);
}
```

13．若有以下程序段，输入：

English<回车>

Good<回车>

则其输出结果是________。

```
#include<stdio.h>
void main()
{
    char c1[60],c2[3];
    int i=0,j=0;
    scanf("%s",c1);
    scanf("%s",c2);
    while(c1[i]!='\0') i++;
    while(c2[j]!='\0') c1[i++]=c2[j++];
    c1[i]= '\0';
    printf("%s",c1);
}
```

14．下面程序的输出结果是________。

```
#include<stdio.h>
void main()
{
    int i=0;
    char a[ ]="abm",b[ ]="aqid",c[10];
    while(a[i]!='\0'&&b[i]!='\0')
    {
        if (a[i]>=b[i]) c[i]=a[i]-32;
        else c[i]=b[i]-32;
        i++;
    }
    c[i]='\0';
    puts(c);
}
```

15．当运行下面程序时，从键盘上输入 AabD<回车>，则输出结果是________。

```
#include<stdio.h>
void main()
{
   char s[80];
   int i=0;
```

```
    gets(s);
    while(s[i]!='\0')
    {
      if(s[i]<='z'&&s[i]>='a')
         s[i]='z'+'a'-s[i] ;
      i++;
    }
    puts(s);
}
```

16．下面程序的输出结果是________。

```
#include<stdio.h>
void main()
{
    int i,c;
    char s[2][5]={"8980","9198"};
    for(i=3;i>=0;i--)
    {
        c=s[0][i]+s[1][i]-2*'0';
        s[0][i]=c%10+'\0';
    }
    for (i=0;i<=1;i++) puts(s[i]);
}
```

17．设有下列程序：

```
#include<stdio.h>
#include<string.h>
void main()
{
    int i;
    char str[10],temp[10];
    gets(temp);
    for (i=0;i<4;i++)
    {
        gets(str);
        if(strcmp(temp,str)<0) strcpy(temp,str);
    }
    printf("%s\n",temp);
}
```

上述程序运行后，如果从键盘上输入：

C++<回车>

BASIC<回车>

QuickC<回车>

Ada<回车>

Pascal<回车>

则程序的输出结果是________。

18．下面程序的输出结果是________。

```
#include<stdio.h>
void main()
{
    int a[6][6],i,j ;
    for(i=1;i<6;i++)
      for(j=1;j<6;j++)
        a[i][j]=(i/j)*(j/i);
    for (i=1;i<6;i++)
    {
        for(j=1;j<6;j++)
          printf("%2d",a[i][j]);
        printf("\n");
    }
}
```

19．下面程序的输出结果是________。

```
#include<stdio.h>
void main()
{
    int a[3][3]={1,2,3,4,5,6,7,8,9},i,s1=0,s2=1;
    for(i=0;i<=2;i++)
    {
        s1=s1+a[i][i];
        s2=s2*a[i][i];
    }
    printf("s1=%d,s2=%d",s1,s2);
}
```

20．下面程序的输出结果是________。

```
#include<stdio.h>
void main()
{
    int i,j,a[3][3];
    for(i=0;i<3;i++)
    {
        for(j=0;j<3;j++)
        {
          if(i==3) a[i][j]=a[i-1][a[i-1][j]]+1;
          else    a[i][j]=j;
          printf("%4d",a[i][j]);
        }
        printf("\t");
    }
}
```

21．下面程序的输出结果是________。

```
#include<stdio.h>
void main()
{
```

```
    int i,j,a[2][3]={{2,4,6},{8,10,12}};
    printf("The original array is:\n");
    for(i=0;i<2;i++)
    {
        for(j=0;j<3;j++)
        printf("%4d",a[i][j]);
        printf("\n");
    }
    printf("\nThe result is:\n");
    for(i=0;i<3;i++)
    {
      for(j=0;j<2;j++)
      printf("%4d",a[j][i]);
      printf("\n");
    }
}
```

22．下面程序的输出结果是________。

```
#include<stdio.h>
void main()
{
    int i,j,row,col,min;
    int a[3][4]={{1,2,3,4},{9,8,7,6},{-1,-2,0,5}};
    min=a[0][0];
    for(i=0;i<3;i++)
      for(j=0;j<4;j++)
        if(a[i][j]<min)
        { min=a[i][j];row=i;col=j;}
    printf("min=%d,row=%d,col=%d\n",min,row,col);
}
```

四、编程题

1．用筛选法求100之内的素数。

2．一个数如果恰好等于它的因子之和，这个数就称为“完数”，例如6=1+2+3。编程找出1000以内的所有完数。

3．用选择法对10个数从大到小进行排序。

4．求一个3×3矩阵对角线元素之和。

5．将一个数组逆序输出（程序分析：用第一个元素与最后一个元素交换）。

6．打印如下杨辉三角形（要求打印出10行）。

```
1
1   1
1   2   1
1   3   3   1
1   4   6   4   1
1   5   10  10  5   1
```

7．有 15 个数按由小到大顺序存放在一个数组中，输入一个数，要求用折半查找法找出该数是数组中第几个元素的值。如果该数不在数组中，则打印出“无此数”。

8．有一篇文章，共有 3 行文字，每行有 80 个字符。要求分别统计出小写字母、大写字母、空格以及其他字符的个数。

9．有一行电文译文按下面规律译成密码：

A->Z　a->z
B->Y　b->y
C->X　c->x
…

即第 1 个字母变成第 26 个字母，第 i 个字母变成第（26-i+1）个字母。非字母字符不变，要求将密码还原成原文，并打印出密码和原文。

10．将两个字符串 s1 和 s2 进行比较，如果 s1>s2，输出一个正数；s1=s2，输出 0；s1<s2，输出一个负数。要求：不使用 strcmp 函数；两个字符串用 gets()函数读入；输出的正数或负数的绝对值应是相比较的两个字符串相对应字符的 ASCII 码的差值。例如，'A'与'C'相比，由于'A'<'C'，应输出负数，'A'与'C'的码差值为 2，因此应输出"-2"。同理："And"和"Aid"比较，根据第 2 个字符比较结果，'n'比'i'大 5，因此应输出"5"。

11．将字符数组 s2 中的字符全部复制到字符数组 s1 中，复制时，'\0'也要复制过去，'\0'后面的字符不复制。要求：不使用 strcpy 函数。

12．从键盘输入若干个整数，其值取值范围是 0～4，用-1 作为输入结束的标志。统计每个整数的个数。

13．从键盘输入两个字符串 a 和 b，要求 strcat 函数把字符串 b 的前五个字符连接到字符串 a 中；如果 b 的长度小于 5，则把 b 的所有元素都连接到 a 中。

14．试编程求 1000 以内的所有阿姆斯特朗数。如果一个正整数等于其各个数字的立方和，则称该数为阿姆斯特朗数（亦称为自恋性数），如 407（$407=4^3+0^3+7^3$）就是一个阿姆斯特朗数。（程序分析：可采用穷举法，依次取 1000 以内的各数（设为 i），将 i 的各位数字分解后，根据阿姆斯特朗数的性质进行计算和判断。）

第五单元　函数与模块化程序设计

一、填空题

1．每个源程序有且只有一个________函数，系统总是从该函数开始执行 C 语言程序。

2．若自定义函数要求返回一个值，则应在该函数体中有一条________语句；若自定义函数不要求有明确的返回值，则应在该函数说明时加一个类型说明符________。

3. 在调用一个函数的过程中可以直接或间接地调用该函数，这种调用称为________调用，该函数称为________函数。

4．当函数中的形参和实参都是数组名时，传递方式为________；都是变量时，传递方式为________。

5．当调用函数时，实参是一个数组名，则向函数传递的是________。

6．设在主函数中有以下定义和函数调用语句，且 fun 函数为 void 类型，请写出 fun 函数的首部________，要求形参名为 b。

```
main()
{    double s[10][22];
     int n;
     …
     fun(s);
     …
}
```

二、选择题

1．以下叙述中正确的是（　　）。

A．构成 C 语言程序的基本单位是函数

B．可以在一个函数中定义另一个函数

C．main()函数必须放在其他函数之前

D．C 函数定义的格式是 K&R 格式

2．一个 C 语言程序是由（　　）。

A．一个主程序和若干子程序组成　　B．函数组成

C．若干过程组成　　D．若干子程序组成

3．下列说法中正确的是（　　）。

A．C 语言程序由主函数和 0 个或多个函数组成

B．C 语言程序由主程序和子程序组成

C．C 语言程序由子程序组成

D．C 语言程序由过程组成

4．C语言总是从（　　）函数开始执行。

A．main　　B．处于最前的

C．处于最后的　　D．随机选一个

5．函数在定义时，省略函数类型说明符，则该函数值的类型为（　　）。

A．int　　B．float

C．long　　D．double

6．以下函数值类型是（　　）。

```
fun(float x)
{   float y;
    y = 3 * x - 4;
    return y;
}
```

A．int　　B．不确定

C．void　　D．float

7．以下所列的各函数首部中，正确的是（　　）。

A．void play(var a:Integer,var b:Integer)

B．void play(int a,b)

C．void play(int a,int b)

D．sub play(a as integer,b as integer)

8．以下函数没有返回值的是（　　）。

A．int a(){int a=2;return (a);}

B．void b(){printf("c");}

C．int a(){int a=2;return a;}

D．以上都是

9．在C语言中，函数返回值的类型最终取决于（　　）。

A．函数定义时在函数首部所说明的函数类型

B．return语句中表达式值的类型

C．调用函数时主函数所传递的实参类型

D．函数的形参和实参分别占用不同的存储单元

10．（　　）可以不进行函数类型说明。

A．被调函数的返回值是整型或字符型时

B．被调函数的定义在主调函数定义之前时

C．在所有函数定义前，已在函数外预先说明了被调函数类型

D．以上都是

11．下列函数定义中，出现编译错误的是（　　）。

A．
```
max(int x,int y,int z)
{z=x>y?x:y;}
```

B．
```
int max(int x,y)
{int z;
z=x>y?x:y;
rerurn z;}
```

C. max(int x,int y)
```
{int z;
z=x>y?x:y;
return(z);}
```
D. int max(int x,int y)
```
{rerurn x>y?x:y;}
```
12．编写求两个双精度数之和的函数，下列中正确的是（　　）。

A. double add(double a,double b)
```
{double s;
 s=a+b;
 return s; }
```
B. double add(double a,b)
```
{double s;
 s=a+b;
 return (s);}
```
C. double add(double a double b)
```
{double s;
s=a+b;
return s;}
```
D. double add(a,b)
```
{double a,b,s;
s=a+b;
return (s);}
```
13．在 C 语言中，有关函数的说法，以下正确的是（　　）。

A．函数可嵌套定义，也可嵌套调用

B．函数可嵌套定义，但不可嵌套调用

C．函数不可嵌套定义，但可嵌套调用

D．函数不可嵌套定义，也不可嵌套调用

14．函数调用可以在（　　）。

A．函数表达式中　　B．函数语句中

C．函数参数中　　D．以上都是

15．有以下函数定义：
```
void fun(int n,double x)(…)
```
若以下选项中的变量都已正确定义并赋值，则对函数 fun 正确调用语句是（　　）。

A．fun(int y,double m);　　B．k=fun(10,12.5);

C．fun(x,n);　　D．void fun(n,x);

16．以下函数调用语句中，含有实参的个数为（　　）。
```
fun((2,3),(4,5+6,7));
```
A．1　　B．2　　C．5　　D．6

17．以下函数调用语句中，含有实参的个数为（　　）。
```
func(exp1,(exp2,exp3),(exp4,exp5,exp6));
```
A．1　　B．2　　C．3　　D．6

18．被调函数返回给主调函数的值称为（　　）。

A．形参　　B．实参　　C．返回值　　D．参数

19．被调函数通过（　　）语句将值返回给主调函数。

A．if　　B．for　　C．while　　D．return

20．阅读下面的程序，执行后的输出结果是（　　）。

```
#include <stdio.h>
float fun(int x, int y)
{
    return(x+y);
}
main()
{
    int a=2,b=5,c=8;
    printf("%3.0f\n", fun((int)fun(a+c, b), a-c));
}
```

A．编译出错　　B．9　　C．21　　D．9.0

21．阅读下面的程序，执行后的输出结果是（　　）。

```
#include <stdio.h>
fun(int x)
{
    if(x/2>0)
    fun(x/2);
    printf("%d",x%2);
}
main()
{
    fun(20);
    putchar('\n');
}
```

A．11100　　B．10100　　C．10101　　D．10110

22．阅读下面的程序，执行后的输出结果是（　　）。

```
#include <stdio.h>
    int fun(int x,int y)
    {
        return (x+y);
    }
    main()
    {
        int a=2,b=5,c=8;
        printf("%3d\n",fun((int)fun(a+c,b),a-c));
    }
```

A．编译出错　　B．9　　C．21　　D．9

23．阅读下面的程序，执行后输出的结果是（　　）。

```
#include <stdio.h>
main()
```

```
{
    char fun(char,int);
    char a='A';
    int b=13;
    a=fun(a,b);
    putchar(a);
}
char fun(char a,int b)
{
    char k;
    k=a+b;
    return k;
}
```

A．A　　B．M　　C．N　　D．L

24．阅读下面的程序，执行后输出的结果是（　　）。

```
#include <stdio.h>
fun1()
{
    int k=20;
    return k;
}
fun2()
{
    int a=15;
return a;
}
fun3(int a,int b)
{
    int k;
    k=(a-b)*(a+b);
    printf("%d\n",k);
}
main()
{
    fun3(fun1(),fun2());
}
```

A．0　　B．184　　C．175　　D．编译不通过

25．阅读下面的程序，执行后输出的结果是（　　）。

```
#include <stdio.h>
fun(int a,int b)
{
    int s;
    s=a*b/2;
    printf("%d\n",s);
}
```

```
main()
{
    int a=10,b=16;
    fun(a,b);
}
```

A．10　　B．16　　C．160　　D．80

26．阅读下面的程序，执行后输出的结果是（　　）。

```
#include <stdio.h>
double fun(int a,int b,int c)
{
    double s;
    s=a%b*c;
    return s;
}
main()
{
    int a=4,b=6,c=7;
    double d;
    d=fun(a,b,c);
    printf("%lf\n",d);
}
```

A．27　　B．27.000000　　C．28　　D．28.000000

27．若有以下程序；

```
#include <stdio.h>
void f(int n);
main()
{
    void f(int n);
    f(5);
}
void f(int n)
{   printf("%d\n",n); }
```

则以下叙述中不正确的是（　　）。

A．若只在主函数中对函数 f 进行说明，则只能在主函数中正确调用函数 f

B．若在主函数前对函数 f 进行说明，则在主函数和其后的其他函数中都可以正确调用函数 f

C．对于以上程序，编译时系统会提示出错信息，提示对 f 函数重复说明

D．函数 f 无返回值，所以可用 void 将其类型定义为无返回值型

28．以下程序有语法错误，有关错误原因的正确说法是（　　）。

```
main()
{
    int G=5,k;
    void prt_char();
    ...
    k=prt_char(G);
```

```
    ...
}
```

A．语句 void prt_char();有错，它是函数调用语句，不能用 void 说明

B．变量名不能使用大写字母

C．函数声明和函数调用语句之间有矛盾

D．函数名不能使用下划线

29. 在调用函数时，如果实参是简单的变量，它与对应形参之间的数据传递方式是（　　）。

A．地址传递

B．单向值传递

C．由实参传形参，再由形参传实参

D．传递方式由用户指定

30．阅读下面的程序，执行后输出的结果是（　　）。

```
#include <stdio.h>
int f(int n)
{
    if(n==1)
        return 1;
    else
        return f(n-1)+1;
}
main()
{
    int i,j=0;
    for(i=1;i<3;i++)
        j+=f(i);
    printf("%d\n",j);
}
```

A．4　　B．3　　C．2　　D．1

31．阅读下面的程序，执行后输出的结果是（　　）。

```
#include <stdio.h>
long fun(int n)
{
    long s;
    if(n==1 || n==2)
        s=2;
    else
        s=fun(n-1);
    return s;
}
main()
{
        printf("%ld\n",fun(3));
}
```

A．1　　B．2　　C．3　　D．4

32．阅读下面的程序，执行后输出的结果是（　　）。

```
#include <stdio.h>
fun(int x)
{
    int p;
    if(x==0||x==1)
        return(3);
    p=x-fun(x-2);
    return p;
}
main()
{
    printf("%d\n",fun(7));
}
```

A．7　　B．3　　C．2　　D．0

33．数组名作为参数传给函数，作为实际参数的数组名被处理为（　　）。

A．该数组长度　　B．该数组元素个数

C．该函数中各元素的值　　D．该数组的首地址

34．阅读下面的程序，执行后输出的结果是（　　）。

```
#include <stdio.h>
void f(int q[])
{
    int i=0;
    for(;i<5;i++)
        q[i]++;
}
main()
{
    int a[5]={1,2,3,4,5},i;
    f(a);
    for(i=0;i<5;i++)
        printf("%d,",a[i]);
}
```

A．2,2,3,4,5,　　B．6,2,3,4,5,

C．1,2,3,4,5,　　D．2,3,4,5,6,

35．以下程序中，函数 sort 的功能是对数组 a 中的数据进行由大到小的排序。

```
#include <stdio.h>
void sort(int a[],int n)
{
   int i,j,t;
   for(i=0; i<n-1; i++)
      for(j=0; j<n-1-i; j++)
         if(a[j]<a[j+1])
         {
            t=a[j];
```

```
                a[j]=a[j+1];
                a[j+1]=t;
            }
    }
    main()
    {
        int aa[10]={1,2,3,4,5,6,7,8,9,10},i;
        sort(&aa[3],5);
        for(i=0; i<10; i++)
            printf("%d", aa[i]);
    }
```

程序执行后的输出结果是（　　）。

A．1,2,3,4,5,6,7,8,9,10　　B．10,9,8,7,6,5,4,3,2,1

C．1,2,3,8,7,6,5,4,9,10　　D．1,2,10,9,8,7,6,5,4,3

36．所有在函数中定义的变量，连同形式参数，都属于（　　）。

A．全局变量　　B．局部变量　　C．静态变量　　D．寄存器变量

37．阅读下面的程序，执行后输出的结果是（　　）。

```
#include <stdio.h>
int k=1;
main()
{
    fun(k);
    printf("%d\n",k);
}
fun(int k)
{
    k++;
    k=k*6;
}
```

A．1　　B．2　　C．6　　D．12

38．阅读下面的程序，执行后输出的结果是（　　）。

```
#include <stdio.h>
int f()
{
    static int i=0;
    int s=1;
    s+=i;
    i++;
    return s;
}
main()
{
    int i,a=0;
    for(i=0; i<5; i++)
        a+=f();
```

```
    printf("%d\n",a);
}
```

A．20　B．24　C．25　D．15

39．阅读下面的程序，执行后输出的结果是（　　）。

```
#include <stdio.h>
test1()
{
    int x=0;
    x++;
    return x;
}
test2()
{
    static int x=0;
    x++;
    return x;
}
main()
{
    int i,m,n;
    for(i=0;i<3;i++)
    {
        m=test1();
        n=test2();
    }
    printf("%d,%d\n",m,n);
}
```

A．1,1　B．1,3　C．3,1　D．3,3

三、判断题

1．构成C语言程序的基本单位是函数。（　　）
2．main()函数必须放在其他函数之前。（　　）
3．程序可以从任何非主函数开始执行。（　　）
4．可以在一个函数中定义另一个函数。（　　）
5．所有被调用的函数一定要在调用之前进行定义。（　　）
6．每个函数都可以被单独调用。（　　）
7．若函数的定义出现在主函数之前，则可以不必再声明。（　　）
8．形参可以是常量、变量或表达式。（　　）
9．声明函数必须指明其参数类型和返回类型。（　　）
10．定义函数时，形参的类型说明可以放在函数体内。（　　）
11．函数可以返回一个值，也可以什么值都不返回。（　　）
12．空函数不完成任何操作，所以在程序设计中没有用处。（　　）
13．函数 func((exp1,exp2),(exp3,exp4,exp5))实参的个数是5。（　　）

14. 在不同的函数中可以使用相同名称的变量。 ( )
15. 每个函数都可以单独编译。 ( )
16. 每个函数都可以单独运行。 ( )
17. 每个函数都可以被其他函数调用（包括 main()函数）。 ( )
18. 函数调用可以作为独立的语句存在。 ( )
19. 函数调用可以作为一个函数的实参。 ( )
20. 函数调用可以出现在表达式中。 ( )
21. 函数调用可以作为一个函数的形参。 ( )
22. 任何时候，函数形参的值都可以传回给实参。 ( )
23. 函数既可以嵌套定义，又可以递归调用。 ( )
24. 函数调用时，函数名必须与所调用的函数名字完全相同。 ( )
25. 调用函数时实参的个数必须与形式参数的个数一致。 ( )
26. 当调用函数时，如果实参是一个数组名，则向函数传送的是数组的首地址。 ( )
27. 函数调用时，实参和形参间的参数传递方式不都是值传递。 ( )
28. 函数中的形参是局部变量。 ( )
29. 在一个函数内定义的变量只在本函数范围内有效。 ( )
30. 在一个函数复合语句中定义的变量在本函数范围内有效。 ( )

四、读程序，写结果

1. 下面程序的输出结果是________。

```
#include <stdio.h>
int func(int a,int b)
{
    return (a+b);
}
main()
{
     int x=2,y=5,z=8,r;
     r=func(func(x,y),z);
     printf("%d\n",r);
}
```

2. 下面程序的输出结果是________。

```
#include <stdio.h>
void f(int x,int y)
{
    int t;
    if(x<y)
    {t=x;x=y;y=t;}
}
main()
{
    int a=4,b=3,c=5;
```

```
    f(a,b);f(a,c);f(b,c);
    printf("%d,%d,%d\n",a,b,c);
}
```

3. 下面程序的输出结果是________。

```
#include <stdio.h>
void fun()
{
    int a=0;
    a+=2;
    printf("%d",a);
}
main()
{
    int c;
    for(c=1;c<4;c++)
        fun();
    printf("\n");
}
```

4. 下面程序的输出结果是________。

```
#include <stdio.h>
double sub(double x,double y,double z)
{
    y-=1.0;
    z+=x;
    return z;
}
main()
{
    double a=2.5,b=9.0;
    printf("%f\n",sub(b-a,a,a));
}
```

5. 阅读下面程序，如果输入 4321<回车>，则输出结果是________。

```
#include <stdio.h>
int sub(int n)
{return (n/10+n%10);}
int main(void)
{
    int x,y;
    scanf("%d",&x);
    y=sub(sub(sub(x)));
    printf("%d\n",y);
}
```

6. 下面程序的输出结果是________。

```
#include <stdio.h>
void func(int a,int b,int c)
{
```

```
    printf("%d, %d, %d\n", a, b, c);
}
main()
{
    int i=2;
    func(i,i++,i--);
}
```

7．下面程序的输出结果是________。

```
#include <stdio.h>
int f(int c)
{
    int a=2;
    c=c+1;
return(a++)+c;
}
main()
{
    int i,k=0,a=1;
    for(i=0;i<2;i++)
    {
        int a=3;
        k+=f(a);
    }
    k+=a;
    printf("%d\n",k);
}
```

8．下面程序的输出结果是________。

```
#include <stdio.h>
fun(int x,int y)
{
    int m=0,i=2;
    i+=m+1;
    m=i+x+y;
    return m;
}
main()
{
    int j=1,m=1,k;
    k=fun(j,m);
    printf("%d,",k);
    k=fun(j,m);
    printf("%d,\n",k);
}
```

9．下面程序的输出结果是________。

```
#include <stdio.h>
void swap(int x,int y)
```

```
{
    int t;
    t=x; x=y; y=t;
    printf("%d %d ",x,y);
}
main()
{
    int a=3,b=4;
    swap(a,b);
    printf("%d %d ",a,b);
}
```

10．阅读下面程序，如果输入 10 5<回车>，则输出结果是________。

```
#include <stdio.h>
int mystery(int,int);
main()
{
    int x,y;
    printf("输入两个数：");
    scanf("%d%d",&x,&y);
    printf("结果是：%d\n",mystery(x,y));
}
int mystery(int a,int b)
{
    if(b==1)
        return a;
    else
        return a+mystery(a,b-1);
}
```

11．下面程序的输出结果是________。

```
#include <stdio.h>
void fun( int x , int y, int z)
{
    z=x*x + y*y;
}
main()
{
    int a=31;
    fun( 5,2,a );
    printf("%d", a);
}
```

12．下面程序的输出结果是________。

```
#include <stdio.h>
int f(int x,int y)
{
    return (y-x)*x++;
}
```

```
main()
{
    int a=3,b=4,c=5,d;
    d=f(f(3,4),f(3,5));
    printf("%d\n",d);
}
```

13．下面程序的输出结果是________。

```
#include <stdio.h>
int func(int a,int b)
{
    return (a*b);
}
main()
{
    int x=2,y=5,z=8,r;
    r=func(func(x,y),z);
    printf("%d\n",r);
}
```

14．下面程序的输出结果是________。

```
#include <stdio.h>
fun(int x,int y)
{return(x-y);}
main()
{
    int a=1,b=2,c=3,sum;
    sum=fun((a++,b++,a+b),c++);
    printf("%d\n",sum);
}
```

15．下面程序的输出结果是________。

```
#include <stdio.h>
int f1(int x,int y)
{return x>y?x:y;}
int f2(int x,int y)
{return x>y?x:y;}
main()
{
    int a=4,b=3,c=5,d,e,f;
    d=f1(a,b);d=f1(d,c);
    e=f2(a,b);e=f2(e,c);
    f=a+b+c-d-e;
    printf("%d,%d,%d\n",d,e,f);
}
```

16．下面程序的输出结果是________。

```
#include <stdio.h>
fun(int a,int b)
{
```

```
    a++; b++;
    if(a>b)   return(a);
    else      return(b);
}
main()
{
    int x = 3, y = 8, z = 6, r;
    r = fun(fun(x,y++), 2 *z);
    printf("%d\n",r);
}
```

17．下面程序的输出结果是________。

```
#include <stdio.h>
char fun(char x,char y)
{
    if(x<y)     return x;
    return y;
}
main()
{
    int a='9',b='8',c='7';
    printf("%c\n",fun(fun(a,b),fun(b,c)));
}
```

18．下面程序的输出结果是________。

```
#include <stdio.h>
fun(int x)
{
    int p;
    if(x==0||x==1) return(3);
    p=x-fun(x-=2);
    return p;
}
main()
{     printf("%d\n",fun(7));}
```

19．下面程序的输出结果是________。

```
#include <stdio.h>
int fun(int a,int b)
{
    int f;
    if(a>b)
        f=1;
    else if(a==b)
        f=0;
    else
        f=-1;
    return f;
}
```

```
main()
{
    int i=1,p;
    p=fun(i,i+1);
        printf("%d\n",p);
}
```

20．下面程序的输出结果是________。

```
#include <stdio.h>
int f(int a,int b);
main()
{
    int i=2,p;
    int j,k;
    j=i;
    k=++i;
    p=f(j,k);
    printf("%d",p);
}
int f(int a,int b)
{
    int c;
    if(a>b)
        c=1;
    else if(a==b)
        c=0;
    else
        c=-1;
    return(c);
}
```

21．下面程序的输出结果是________。

```
#include <stdio.h>
int fac_sum(int n)
{
   static int f=1,t=1,s=0;
   int i;
   if(n>t)
      for(i=t+1; i<=n; i++)
      f=f*i;
   else
   {
      f=1;
      for(i=1; i<=n; i++)
         f=f*i;
   }
   t=n; s=s+f;
   return(s);
```

```
}
main()
{
    int a[]={3,5,2},i,sum;
    for(i=0; i<3; i++)
      sum=fac_sum(a[i]);
    printf("%d\n",sum);
}
```

22．下面程序的输出结果是________。

```
#include <stdio.h>
long fib(int n)
{
    if(n>2)
    return(fib(n-1)+fib(n-2));
    else return(2);
}
main()
{
    printf("%ld\n",fib(3));
}
```

23．输入 10，下面程序的输出结果是________。

```
#include <stdio.h>
int fun( int n)
{
    if(n==1)
        return 1;
    else
        return (n+fun(n-1));
}
main()
{
    int x;
    scanf("%d",&x);
    x=fun(x)+fun(x);
    printf("%d\n",x);
}
```

24．下面程序的输出结果是________。

```
#include <stdio.h>
int f(int n)
{
    if(n==1) return 1;
    else return f(n-1)+1;
}
main()
{
    int i,j=0;
```

```
    for(i=1;i<3;i++)    j+=f(i);
    printf("%d\n",j);
}
```

25．下面程序的输出结果是________。

```
#include <stdio.h>
fun(int x[],int n)
{
    int sum=0,i;
    for(i=0;i<n;i++)
        sum+=x[i];
    return sum;
}
main()
{
    int a[]={1,2,3},b[]={6,7,8},s=0;
    s=fun(a,3)+fun(b,4);
    printf("%d\n",s);
}
```

26．下面程序的输出结果是________。

```
#include <stdio.h>
int fun(int t[],int n)
{
    int i,m;
    if(n==1)
        return t[0];
    else if(n>=2)
        {m=fun(t,n-1); return m;}
}
main()
{     int a[]={11,4,6,3,8,2,3,5,9,2};
    printf("%d\n",fun(a,10));
}
```

27．下面程序的输出结果是________。

```
#include <stdio.h>
int f(int a[],int n)
{
    if(n>1)
        return a[0]+f(a+1,(--n)-1);
    else
        return a[0];
}
main()
{
    int aa[10]={1,2,3,4,5,6,7,8,9,10},s;
    s=f(aa+2,8);printf("%d\n",s);
}
```

28．以下程序中的 reverse 函数的功能是将 a 数组中的内容逆置，程序的输出结果是________。

```
#include <stdio.h>
void reverse(int a[],int n)
{
    int i,t;
    for(i=0;i<=n/2;i++)
        {t=a[i];a[i]=a[n-1];a[n-1-i]=t;}
}
main()
{
    int b[10]={1,2,3,4,5,6,7,8,9,10};
    int i,s=0;
    reverse(b,8);
    for(i=6;i<10;i++) s+=b[i];
    printf("%d\n",s);
}
```

29．下面程序的输出结果是________。

```
#include <stdio.h>
int fun(int x[],int n)
{
    int sum=0,i;
    for(i=0;i<n;i++) sum+=x[i];
    return sum;
}
main()
{
    int a[]={1,2,3,4,5},b[]={6,7,8,9},s=0;
    s=fun(a,5)+fun(b,4);
    printf("%d\n",s);
}
```

30．下面程序的输出结果是________。

```
#include <stdio.h>
int f(int a[],int n)
{
        if(n%2==0)
        {
          if(n>=1)   return f(a,n-1)-a[n-1];
          else return 0;
        }
        else
    {
        if(n>=1)   return f(a,n-1)+a[n-1];
        else return 0;
    }
}
main()
```

```
{
    int aa[5]={1,2,3,4,5},s;
    s=f(aa,5); printf("%d\n",s);
}
```

31．输入 abcdefg12345，下面程序的输出结果是________。

```
#include <stdio.h>
#include "string.h"
void fun(char s[])
{
    int i,t,n=strlen(s);
    for(i=0;i<=(n-1)/2;i++)
    {
        t=s[i];s[i]=s[n-1-i];s[n-1-i]=t;
    }
}
main()
{
    char str[100];
    scanf("%s",str);
    fun(str);
    printf("%s",str);
}
```

32．下面程序的输出结果是________。

```
#include <stdio.h>
int a,b;
void fun()
{   a=100;b=200; }
main()
{
    int a=5,b=7;
    fun();
    printf("%d%d\n",a,b);
}
```

33．下面程序的输出结果是________。

```
#include <stdio.h>
int k=0;
void fun(int m)
{
    m+=k;
    k+=m;
    printf("%d,%d,",m,k++);
}
main()
{
    int i=4;
    fun(i++);
    printf("%d,%d\n",i,k);
}
```

34. 下面程序的输出结果是________。

```
#include <stdio.h>
int a=8, b=5;
int max(int a,int b)
{
    int c;
    c=a>b?a:b;
    return(c);
}
main()
{
    int a=2;
    printf("%d\n",max(a,b));
}
```

35. 下面程序的输出结果是________。

```
#include <stdio.h>
int c,a=4;
func(int a,int b)
{   c=a*b;a=b-1;b++;return(a+b+1);}
main()
{
   int b=2,p=0;c=1;
   p=func(b,a);
   printf("%d,%d,%d,%d\n", a,b,c,p);
}
```

36. 下面程序的输出结果是________。

```
#include <stdio.h>
func(int a,int b)
{
    static int m=0,i=2;
    i+=m+1;
    m=i+b+a;
    return (m);
}
main( )
{
    int k=4,m=1,p;
    p=func(k,m); printf("%d\t",p);
    p=func(k,m); printf("%d\n",p);
}
```

37. 下面程序的输出结果是________。

```
#include <stdio.h>
int f()
{
    static int i=0;
    int s=1;
```

```
    s+=i;
    i++;
    return s;
}
main()
{
    int i,a=0;
    for(i=0;i<5;i++)
    { a+=f();
    }
    printf("%d\n",a);
}
```

38．下面程序的输出结果是________。

```
#include <stdio.h>
int d=1;
fun(int p)
{
    static int d=5;d+=p;
    printf("%d,",d);
    return d;
}
main()
{
    int a=3;
    printf("%d",fun(a+fun(d)));
}
```

39．下面程序的输出结果是________。

```
#include <stdio.h>
fun(int x,int y)
{
    static int m=0,i=2;
    i-=m+1;m=i+x+y;return m;
}
main()
{
    int j=1,m=1,k;
    k=fun(j,m); printf("%d",k);
    k=fun(j,m); printf("%d",k);
}
```

40．下面程序的输出结果是________。

```
#include <stdio.h>
fun(int a)
{
    int b=0;static int c=3;
    b++;c--;
    return(a+b+c);
```

```
}
main()
{
    int i,a=5;
    for(i=0;i<3;i++) printf("%d   %d",i,fun(a));
    printf("\n");
}
```

41．下面程序的输出结果是________。

```
#include <stdio.h>
void fun()
{
    static int a=0;
    a=2;
    printf("%d",a);
}
main()
{
    int cc;
    for(cc=1;cc<4;cc++)
        fun();
    printf("\n");
}
```

42．下面程序的输出结果是________。

```
#include <stdio.h>
int fb(int b[],int i)
{
    int k;
    static int s=0;
    for (k=0;k<i;k++) s=s+b[k];
    return(s);
}
main( )
{
    int a[]={1,2,3,4},j=0;
    int k;
    for (;j<4;j++)
    k=fb(a,j);
    printf("%d\n",k);
}
```

43．下面程序的输出结果是________。

```
#include <stdio.h>
int a=5;
fun(int b)
{
    static int a=10;
    a+=b++;
```

```
        printf("%d,",a);
        return a;
    }
    main()
    {
        static int a;
        int c=20;
        fun(c);
        a+=c++;
        printf("%d\n",a);
    }
```

44．下面程序的输出结果是________。

```
    #include <stdio.h>
    int ff(int n)
    {
        static int f=1;
         f=f*n;
         return f;
    }
    main()
    {
        int i,s;
        for(i=1;i<=5;i++)
            s=ff(i);
        printf("%d\n",s);
    }
```

五、编程题

1．定义函数实现任意两个整数分别加 1 和加 4 后，输出最大数。

2．定义一个函数，求长方体的体积（边长为整数）。

3．定义名为 root 的函数，求方程 $ax^2+bx+c=0$ 的 b^2-4ac，并将其作为函数的返回值。其中的 a、b、c 作为函数的形式参数。

4．文具店中的书包批发售卖，单价 60 元，六一期间将给予顾客一定的折扣优惠，包括数量折扣优惠和现金折扣优惠。数量折扣优惠取决于购买的数量（见下表），并且给在下单成功后 3 天之内付款的顾客提供 5%的现金折扣。

数量	折扣
<5	0%
>=5 且<25	5%
>=25 且<50	15%
>50	20%

定义函数，根据购买数量和付款时间来计算账单额。

第六单元 指 针

一、填空题

1．定义 int *p;，这里 p 是________变量。

2．&在指针部分是代表________运算符，* 代表________运算符。

3．已知 int *p,a;，则语句 p＝&a;中的运算符 & 的含义是________。

4．已知 int a[]={1,2,3,4},y,*p=&a[1];，则执行语句 y＝(*- -p)++;后变量 y 的值为________。

5．已知 char s1[10],*s2="ab\0cdef";，则执行 strcpy(s1,s2);后变量 s1 的值为________。

6．以下函数返回 a 所指数组中最大值所在的下标值，请填空。

```
fun(int *a,int n)
{
    int i,j=0,p;
    p=j;
    for(i=j;i<n;i++)
        if(a[i]>a[p])
            ________
    return p;
}
```

7．有如下程序，把字符指针数组的所有字符串用 p 输出，请填空。

```
#include <stdio.h>
main()
{
    static char *name[]={"Follow me","BASIC","Great Wall","Fortran"};
    char **p;
    int i;
    for(i=0; ________;i++)
    {
        p=name+i;
        printf("%s\n",________);
    }
}
```

8．有如下程序，输入月份号，则会输出该月份的英文名。例如：输入 3 则输出 March，要求用指针数组处理，请填空。

```
#include <stdio.h>
main()
{
    static char *month_name[13]={"illegal month","January",
    "February","March","April","May","June","July",
    "August","September","October","November","December"};
```

```
    int n;
    printf("请输入月份号：\n");
    scanf("%d",________);
    if((n<=12)&&(n>=1))
        printf("%d 月的英文是%s．\n",n, ________);
    else
        printf("没有%d 月．\n",n);
}
```

9．以下 conj 函数的功能是将字符串 s 和字符串 t 连接起来，请填空。

```
char * conj(char *s,char *t)
{
    char *p=s;
    while(*s) ________
    while(*t)
    {
        *s=________
        s++;
        t++;
    }
    *s='\0';
    return________
}
```

10．输入一行文字，找出其中大写字母、小写字母、空格、数字及其他字符各有多少，请填空。

```
#include <stdio.h>
main()
{
    int cle=0,sle=0,di=0,wsp=0,ot=0,i;
    char *p,s[20];
    printf("请输入一行字符：\n");
    for(i=0;i<20;i++)
        s[i]=0;
        i=0;
    while((s[i]=getchar())!='\n')
        ________
    p=&s[0];
    while(________!='\n')
    {
        if(('A'<=*p)&&(*p<='Z'))
            ++cle;
        else if(('a'<=*p)&&(*p<='z'))
            ++sle;
        else if(*p==' ')
            ++wsp;
        else if((*p<='9')&&(*p>='0'))
            ________
```

```
            else
                ++ot;
            ________
        }
        printf("大写字母数=%d     小写字母数=%d\n",cle,sle);
        printf("空格数=%d     数字数=%d     其他字符数=%d\n",wsp,di,ot);
    }
```

二、选择题

1．下列对字符串的定义中，错误的是（　　）。

A．char str[7]="FORTRAN"

B．char str[8]= "FORTRAN"

C．char *str="FORTRAN"

D．char str[7]={"F","O","R","T","R","A","N"}

2．已知 int *p,a;，则语句 p=&a;中的运算符&的含义是（　　）。

A．位与运算　　B．逻辑与运算

C．取指针内容　　D．取变量地址

3．若有定义 char *p,ch;，则不能正确赋值的语句组是（　　）。

A．p=&ch;scanf("%c",p);

B．p=(char *)malloc(1); *p=getchar();

C．*p=getchar();p=&ch;

D．p=&ch;*p=getchar();

4．有如下程序段：

```
int *p,a=10,b=1;
p=&a;a=*p+b;
```

执行该程序段后，a 的值为（　　）。

A．12　　B．11　　C．10　　D．编译出错

5．以下函数返回 a 所指数组中最小值所在的下标值，在下画线处应填入的是（　　）。

```
fun(int *a,int n)
{   int i,j=0,p;
    p=j;
    for(i=j;i<n;i++)
        if(a[i]<a[p]) ________;
    return(p);
}
```

A．i=p　　B．a[p]=a[i]　　C．p=j　　D．p=i

6．已知 char s[10],*p=s;，则错误的语句是（　　）。

A．p=s+5;　　B．s=p+s;　　C．s[2]=p[4];　　D．*p=s[0];

7．已知 char b[5],*p=b;，则正确的赋值语句是（　　）。

A．b="abcd";　　B．*b="abcd";　　C．p="abcd";　　D．*p="abcd";

8．已知 char s[20]="programming",*ps=s;，则不能引用字母 o 的表达式是（ ）。

A．ps+2　　B．s[2]　　C．ps[2]　　D．ps+=2,*ps

9．有以下函数：

```
fun(char *p){   return p;   }
```

该函数的返回值是（ ）。

A．无确切值　　B．形参 p 中存放的地址值

C．一个临时存储单元的地址　　D．形参 p 自身的地址值

10．若有定义 char *st= "how are you ";，下列程序段中正确的是（ ）。

A．char a[11], *p; strcpy(p=a+1,&s[4]);

B．char a[11]; strcpy(++a, st);

C．char a[11]; strcpy(a++, st);

D．char a[], *p; strcpy(p=&a[1],st+2);

11．下列程序的运行结果是（ ）。

```
void fun(int *a, int *b)
{   int *k;
    k=a; a=b; b=k;
}
main()
{   int a=3, b=6, *x=&a, *y=&b;
    fun(x,y);
    printf("%d %d", a, b);
}
```

A．6　3　　B．3　6　　C．编译出错　　D．0　0

12．已知 int a[3][4],*p=a;p+=6;，那么*p 和（ ）的值相同。

A．*(a+6)　　B．*(&a[0]+6)

C．*(a[1]+2)　　D．*(&a[0]+6)

13．已知 char *p,*q;，以下语句中正确的是（ ）。

A．p*=3;　　B．p/=q;　　C．p+=3;　　D．p+=q;

14．下面说明不正确的是（ ）。

A．char a[10]="china";　　B．char a[10],*p=a;p="china";

C．char *a;a="china";　　D．char a[10],*p;p=a="china";

15．下面程序的运行结果是（ ）。

```
main()
{
    static char a[]="language",b[]="program";
    char *ptr1=a,*ptr2=b;
    int k;
    for(k=0;k<7;k++)
     if(*(ptr1+k)==*(ptr2+k))
         printf("%c",*(ptr1+k));
}
```

A．gae　　B．ga　　C．language　　D．有语法错误

16．设有如下定义：

```
struck sk
{   int a;
    float b;
}   data;
int *p;
```

若要使 p 指向 data 中的 a 域，正确的赋值语句是（　　）。

A．p=&a;　　B．p=data.a;

C．p=&data.a;　　D．*p=data.a;

17．若说明 int *p,n;，则通过语句 scanf 能够正确读入数据的程序段是（　　）。

A．p=&n;scanf("%d",&p);　　B．p=&n;scanf("%d",*p);

C．scanf("%d",n);　　D．p=&n;scanf("%d",p);

18．有以下程序：

```
#include<stdio.h>
main()
{
    int *p1,*p2,*p,a=5,b=9;
    p1=&a;
    p2=&b;
    if(a<b)
        {p=p1;p1=p2;p2=p;}
    printf("max=%d,min=%d\n",*p1,*p2);
}
```

程序运行后的输出结果是（　　）。

A．9,5　　B．max=9,min=5

C．5,9　　D．max=5,min=9

19．有以下程序：

```
void fun(char *a, char *b)
{ a=b; (*a)++; }
main()
{   char c1='A',c2='a',*p1,*p2;
    p1=&c1; p2=&c2; fun(p1,p2);
    printf("%c%c\n",c1,c2);
}
```

程序运行后的输出结果是（　　）。

A．Ab　　B．aa　　C．Aa　　D．Bb

20．下列选项中正确的语句组是（　　）。

A．char s[8]; s={"Beijing"};　　B．char *s;s={"Beijing"};

C．char s[8]; s="Beijing";　　D．char *s; s="Beijing";

21．已定义以下函数：

```
fun(int *p)
{   return *p;  }
```

该函数的返回值是（　　）。

A．不确定值　　B．形参 p 中存放的值

C．形参 p 所指存储单元中的值　　D．形参 p 的地址值

22．有以下程序：

```
#define F(X,Y) (X)*(Y)
main()
{   int a=3, b=4;
    printf("%d\n", F(a++, b++));
}
```

程序运行后的输出结果是（　　）。

A．12　　B．15　　C．16　　D．20

23．若有定义 int *p[3];，则以下叙述中正确的是（　　）。

A．定义了一个基类型为 int 的指针变量 p，该变量具有三个指针

B．定义了一个指针数组 p，该数组含有三个元素，每个元素都是基类型为 int 的指针

C．定义了一个名为*p 的整型数组，该数组含有三个 int 类型元素

D．定义了一个可指向一维数组的指针变量 p，所指一维数组应具有三个 int 类型元素

24．有以下程序：

```
#include<stdio.h>
main()
{   char str[][20]={"Hello","Beijing"},*p=str;
    printf("%d\n",strlen(p+20));
}
```

程序运行后的输出结果是（　　）。

A．0　　B．5　　C．7　　D．20

25．已定义以下函数：

```
fun(char *p2, char *p1)
{ while((*p2=*p1)!='\0'){ p1++;p2++; } }
```

函数的功能是（　　）。

A．将 p1 所指字符串复制到 p2 所指内存空间

B．将 p1 所指字符串的地址赋给指针 p2

C．对 p1 和 p2 两个指针所指字符串进行比较

D．检查 p1 和 p2 两个指针所指字符串是否有'\0'

26．有以下程序：

```
main()
{
    int a[3][3],*p,i;
    p=&a[0][0];
    for(i=0;i<9;i++) p[i]=i+1;
    printf("%d \n",a[1][2]);
}
```

程序运行后的输出结果是（　　）。

A．3　　B．6　　C．9　　D．2

27．有以下程序：

```
void fun(char *s)
{
    char a[10];
    strcpy(a,"STRING");
    s=a;
}
main()
{
    char *p;
    fun(p);
    printf("%s\n",p);
}
```

程序运行后的输出结果是（　　）。

A．STRING　　B．STRING~~~~　　C．STRING!!!!!　　D．不确定的值

28．定义 int n1=0,n2,*p=&n2,*q=&n1;，以下赋值语句中与 n2=n1;语句等价的是（　　）。

A．*p=*q;　　B．p=q;　　C．*p=&n1;　　D．p=*q;

29．若有定义 int x=0,*p=&x;，则语句 printf("%d\n",*p);的输出结果是（　　）。

A．随机值　　B．0　　C．x 的地址　　D．p 的地址

30．有以下程序：

```
main()
{
    int a[10]={1,2,3,4,5,6,7,8,9,10},*p=&a[3],*q=p+2;
    printf("%d\n",*p+*q);
}
```

程序运行后的输出结果是（　　）。

A．16　　B．10　　C．8　　D．6

31．有以下程序：

```
# define f(x) (x*x)
main()
{
    int i1, i2;
    i1=f(8)/f(4) ; i2=f(4+4)/f(2+2) ;
    printf("%d, %d\n",i1,i2);
}
```

程序运行后的输出结果是（　　）。

A．64, 28　　B．4, 4　　C．4, 3　　D．64, 64

32．有以下程序：

```
main()
{
    int a[]={2,4,6,8,10}, y=0, x, *p;
    p=a;
    for(x= 1; x<3; x++) y += p[x];
        printf("%d\n",y);
}
```

程序运行后的输出结果是（ ）。

A．10 B．11 C．14 D．15

33．有以下程序：

```
void swap1(int c0[], int c1[])
{   int t ;
    t=c0[0]; c0[0]=c1[0]; c1[0]=t;
}
void swap2(int *c0, int *c1)
{
    int t;
    t=*c0; *c0=*c1; *c1=t;
}
main()
{
    int a[2]={3,5}, b[2]={3,5};
    swap1(a, a+1); swap2(&b[0], &b[1]);
    printf("%d %d %d %d\n",a[0],a[1],b[0],b[1]);
}
```

程序运行后的输出结果是（ ）。

A．3 5 5 3 B．5 3 3 5 C．3 5 3 5 D．5 3 5 3

34．以下不能正确给字符串赋初值的语句是（ ）。

A．char str[4]=" good!"; B．char str[]="good!";

C．char *str="good!"; D．char str[5]={'g','o','o','d'};

35．已知 int **p;，则变量 p 是（ ）。

A．指向整型变量的指针 B．指向指针的指针

C．int 型变量 D．以上三种说法都不正确

36．指针 pstr 所指字符串的长度为（ ）。

```
char *pstr="\t\"1234\\abcd\n"
```

A．15 B．14 C．13 D．12

37．以下程序段的运行结果为（ ）。

```
char astr[5]="1234";
char *pstr=astr;
printf("%c",pstr[1]-'0');
```

A．1 B．2

C．ASCII 码值为 1 的字符 D．ASCII 码值为 2 的字符

38．以下程序段的运行结果为（ ）。

```
int num[]={1,2,3,4,5,6,7,8,9},*pnum=&num[2];
pnum++;
++pnum;
printf("%d\n",*pnum);
```

A．3 B．4 C．5 D．6

39．以下程序段的运行结果为（ ）。

```
int num[9]={1,2,3,4,5,6,7,8,9},*p;
```

```
p=num;
*(p+1)=0;
printf("%d,%d,%d\n",*p,p[1],(*p)++);
```

A．2,0,1　　B．1,0,1　　C．2,2,2　　D．1,1,1

40．以下程序段的运行结果为（　　）。

```
int a=5,*p=&a,b,*q;
a=10;
*p=15;
q=p;
*q=20;
b=*q;
p=&b;
printf("a=%d,b=%d,*p=%d,*q=%d\n",a,b,*p,*q);
```

A．a=5,b=10,*p=15,*q=20　　B．a=20,b=15,*p=10,*q=5

C．a=20,b=20,*p=20,*q=20　　D．a=15,b=15,*p=15,*q=15

41．运行以下程序，i 的正确结果为（　　）。

```
#include <stdio.h>
main()
{
   int i;
   char *s="a\045+045\'b";
   for(i=0;*s++;i++)
       ;
   printf("%d\n",i);
}
```

A．5　　B．12　　C．11　　D．8

42．设有说明 int(*ptr)[M];，其中 ptr 是（　　）。

A．M 个指向整型变量的指针

B．指向 M 个整型变量的函数指针

C．一个指向具有 M 个整型元素的一维数组的指针

D．具有 M 个指针元素的一维指针数组，每个元素都只能指向整型量

三、读程序，写结果

1．下面程序的输出结果是________。

```
#include <stdio.h>
void f(int y,int *x)
{y=y+*x;   *x=*x+y;}
main()
{  int x=2,y=4;
   f(y,&x);
   printf("%d,%d\n",x,y);
}
```

2．下面程序的输出结果是________。

```
#include <stdio.h>
main()
{
    char s[]="ABCD",*p;
    for(p=s+1;p<s+4;p++)
        printf("%s\n",p);
}
```

3．下面程序的输出结果是________。

```
#include <stdio.h>
main()
{
    int *p,a=10,b=1;
    p=&a,a=*p+b;
    printf("%d",a);
}
```

4．下面程序的输出结果是________。

```
#include <stdio.h>
int *f(int *x,int *y)
{
    if(*x<*y)
        return x;
    else
        return y;
}
main()
{
    int a=7,b=8,*p,*q,*r;
    p=&a;
    q=&b;
    r=f(p,q);
    printf("%d,%d,%d",*p,*q,*r);
}
```

5．下面程序的输出结果是________。

```
#include <stdio.h>
main()
{
    static char a[]="Program",*ptr;
    for(ptr=a;ptr<a+7;ptr+=2)
        putchar(*ptr);
}
```

6．下面程序的输出结果是________。

```
#include <stdio.h>
int fun(int *x,int n)
{
    if(n==0) return x[0];
    else return x[0]+fun(x+1,n-1);
```

```
}
main()
{
    int a[]={1,2,3,4,5,6,7};
    printf("%d\n",fun(a,3));
}
```

7．下面程序的输出结果是________。

```
#include <stdio.h>
void sum(int b[])
{
    b[10]=b[-1]+b[1];
}
main()
{
    int a[10]={1,2,3,4,5,6,7,8,9,10};
    sum(&a[2]);
    printf("a[2]=%d\n",a[2]);
}
```

8．下面程序的输出结果是________。

```
#include <stdio.h>
main()
{
    char *p[]={"book","opk","h","sp"};
    int i;
    for(i=3;i>=0;i--)
        printf("%c",*p[i]);
    printf("\n");
}
```

9．下面程序的输出结果是________。

```
#include <stdio.h>
#include <string.h>
char *fun(char *t)
{
    char *p=t;
    return (p+strlen(t)/2);
}
main()
{
    char *s="Hello World!";
    s=fun(s);
    puts(s);
}
```

10．下面程序的输出结果是________。

```
#include <stdio.h>
void fun(char *t,char *s)
{
```

```
    while(*t!=0)
        t++;
    while((*t++=*s++)!=0)
        ;
}
main()
{
    char b[10]="aacc",a[10]="bbxxyy";
    fun(b,a);
    printf("%s,%s\n",b,a);
}
```

11．下面程序的输出结果是________。

```
#include <stdio.h>
void fun(int *n)
{
    while( (*n)--);
        printf("%d",++(*n));
}
main()
{
    int a=100;
    fun(&a);
    printf("\n");
}
```

12．下面程序的输出结果是________。

```
#include <stdio.h>
main()
{
    char ch[2][5]={"6934","8254"},*p[2];
    int i,j,s=0;
    for(i=0;i<2;i++)
        p[i]=ch[i];
    for(i=0;i<2;i++)
        for(j=0;p[i][j]>'\0' && p[i][j]<='9';j+=2)
            s=10*s+p[i][j]-'\0';
    printf("%d\n",s);
}
```

13．下面程序的输出结果是________。

```
#include <stdio.h>
main()
{
    int i=90,j=3;
    int *p;
    p=&i;
    *p=2;
    p++;
```

```
    *p=5;
    printf("%d",*p);
    p--;
    printf("%d\n",*p);
}
```

14．下面程序的输出结果是________。

```
#include <stdio.h>
main()
{
    static int a[]={1,2,3,4,5,6};
    int *p;
    p=a;
    *(p+3)+=2;
    printf("%d,%d\n",*p,*(p+3));
}
```

15．下面程序的输出结果是________。

```
#include <stdio.h>
main()
{
    int a[]={9,8,7};
    int s,i,*p;
    s=1;
    p=a;
    for(i=0;i<3;i++)
        s*=*(p+i);
    printf("s=%d\n",s);
}
```

16．下面程序的输出结果是________。

```
#include <stdio.h>
main()
{
    int i;
    char *s="\\\"";
    for(i=0;s[i]!='\0';i++)
        printf("%c",*(s+i));
}
```

17．下面程序的输出结果是________。

```
#include <stdio.h>
main()
{
    int a[10],i;
    int *pa;
    for(i=0;i<=9;i++)
        a[i]=i;
    for(pa=a,i=0;i<=9;i++)
        printf("%2d",*(pa+i));
    printf("\n");
```

```
    for(pa=a;pa<(a+10);pa++)
        printf("%2d",*pa);
}
```

18. 下面程序的输出结果是________。

```
#include <stdio.h>
main()
{
    int a[12]={1,2,3,4,5,6,7,8,9,10,11,12},*p[4],i;
    for(i=0;i<4;i++)
        p[i]=&a[i*3];
    printf("%d\n",p[3][2]);
}
```

19. 下面程序的输出结果是________。

```
#include<stdio.h>
main()
{
    char *p="abcdefghijk";
    while(*p++!='f');
    printf("%c\n",*p);
}
```

20. 下面程序的输出结果是________。

```
#include <stdio.h>
main()
{
    char c1[]="abcde",*c=c1;
    while(*c1!='e')
    switch(*c-'a')
    {
        case 1:(*c)+=1;
        case 2:(*c)+=2;break;
        case 3:(*c)+=3;
        default:(*c)+=4;
    }
    printf("%s\n",c1);
}
```

21. 下面程序的输出结果是________。

```
#include <stdio.h>
void prt (int *x, int *y, int *z)
{printf("%d,%d,%d\n",++*x,++*y,*(z++));}
main()
{
    int a=10,b=40,c=20;
    prt(&a,&b,&c);
    prt(&a,&b,&c);
}
```

四、编程题（用指针实现）

1．从键盘输入5门功课的成绩，完成平均分的计算。要求：用指针引用数组元素。

2．利用指向字符串常量的指针输出字符串中n个字符后的所有字符（n小于等于字符串长度）。

3．编写一个函数，实现求两个整数的平方和。在main()函数中输入两个整数并调用该函数。要求：用指针变量做形参。

4．利用指针完成字符串s1和字符串s2的连接，将s2串连接到s1串的后面。要求：不能使用strlen()函数。

5．利用指针运算删除字符串s中第m个字符。

第七单元 结构体与共用体

一、填空题

1．________是不同数据类型的集合，每一个成员可以是一个基本数据类型或者是另一个构造类型。

2．声明结构体类型的关键字是________。

3．有定义 struct Employee{ char empId;char empName[10]};，该定义的结构类型名称是________。

4．有定义 struct Employee{ char empId;char empName[10]};，声明一个结构体变量 emp1 应为________，声明结构体指针变量 p 应为________。

5．设有以下结构类型说明和变量定义，则变量 a 在内存所占字节数是________（设 int 类型为 2 个字节）。

```
struct stud
{
    char num[8];
    int s[4];
    double ave;
}a;
```

6．结构体变量成员的引用方式是使用________运算符，结构体指针变量成员的引用方式是使用________运算符。

7．在下列 C 语言程序中可用 birthday.day 引用结构体成员 day，请写出引用结构体成员 birthday.day 的其他两种形式：________、________。

```
struct
{
    int day;
    char mouth;
    int year;
}birthday, *b;
b=&birthday;
```

8．有以下结构体定义：

```
struct Stu
{
    int a;
    float b;
    struct struct Stu
    {
        c;
```

```
        }d;
    }student;
```

请写出引用结构体成员 c 的引用形式________。

9．有以下结构体定义：

```
    struct student
    {
        int no;
        char name[12];
        float score[3];
     }sl,*p = &sl;
```

用指针法给 sl 的成员 no 赋值 1234 的语句是________。

10．有以下结构体定义：

```
    struct
    {
        int x;
        int y;
    }s[2]={{1, 2}, {3, 4}}, *p=s;
```

则表达式++p->x 的值为________;表达式(++p)->x 的值为________。

二、选择题

1．说明一个结构体变量时系统分配给它的内存是（　　）。

A．各成员所需要内存量的总和

B．结构体中第一个成员所需内存量

C．成员中占内存量最大者所需的容量

D．结构中最后一个成员所需内存量

2．C 语言结构体类型变量在程序执行期间（　　）。

A．所有成员一直驻留在内存中

B．只有一个成员驻留在内存中

C．部分成员驻留在内存中

D．没有成员驻留在内存中

3．设有以下说明语句

```
    struct stu{int a; float b;} stutype;
```

则下面叙述中不正确的是（　　）。

A．struct 是结构体类型的关键字

B．struct stu 是用户定义的结构体类型

C．stutype 是用户定义的结构体类型名

D．a 和 b 都是结构体成员名

4．程序中有下面的说明和定义：

```
    struct abc
    {
        int x;
```

```
        char y;
    }
    struct abc s1,s2;
```

则会发生的情况是（　　）。

A．编译出错

B．程序将顺利编译、连接、执行

C．能顺利通过编译、连接，但不能执行

D．能顺利通过编译，但连接出错

5．设有如下定义：

```
    struct sk {int a;float b;}data,*p;
```

若有 p=&data;，则对 data 中 a 成员正确引用的是（　　）。

A．(*p).data.a　　B．(*p).a

C．p->data.a　　D．p.data.a

6．已知学生记录描述为：

```
    struct student
    {
        int no ;char name[20];char sex;
        struct student{int year ;int month;int day;}birth;
    }s;
```

设结构体变量 s 中的 birth 为 1988-10-28，则下面正确的赋值语句是（　　）。

A．year=1988
month=10
day=28

B．birth.year=1988
birth.month=10
brith.day=28

C．s.year=1988
s.month=10
s.day=28

D．s.birth.year=1988
s.birth.month=10
s.birth.day=28

7．以下对结构类型变量定义不正确的是（　　）。

A．
```
#define STUDENT struct student
STUDENT {
    int num ; float age ;
} std1 ;
```

B．
```
struct student {
    int num ;
    float age ;
} std1 ;
```

C．
```
struct {
    int num ;
    float age ;
} std1 ;
```

D．
```
struct {
    int num ; float age ;
} student ;
struct student std1 ;
```

8．根据以下定义，能输出字母 M 的语句是（　）。

```
    struct person{char name[9];int age;};
    struct person class[10]={ "John",17, "Paul",19, "Mary",18, "Adam",16,};
```

A．printf("%c\n",class[3].name);　　B．printf("%c\n",class[3].name[1]);

C．printf("%c\n",class[2].name[1]);　　D．printf("%c\n",class[2].name[0]);

9．以下程序的输出结果是（　　）。

```
#include<stdio.h>
void main()
{
    struct emplx{int x;int y;}enum[2]={1,3,2,7};
    printf("%d\n",enum[0].y/enum[0].x*enum[1].x);
}
```

A．0　　B．1　　C．3　　D．6

10．有以下说明和定义语句：

```
struct student
{
    int age; char num[8];
};
struct student stu[3]={{20,"200401"},{21,"200402"},{19,"200403"}};
struct student *p=stu;
```

以下选项中引用结构体变量成员的表达式错误的是（　　）。

A．(p++)->num　　B．p->num　　C．(*p).num　　D．stu[3].age

11．设有如下定义：

```
struct sk
{   int n;
    float x;
}data ,*p;
```

若要使 p 指向 data 中的 n 成员，正确的赋值语句是（　　）。

A．p=&data.n;　　B．*p=data.n;

C．p=(struct sk *)&data.n;　　D．p=(struct sk *)data.n;

12．以下对结构体变量 stu1 中成员 age 的非法引用是（　　）。

```
struct student
{
    int age;
    int num;
}stu1,*p;
p=&stu1;
```

A．stu1.age　　B．student.age

C．p->age　　D．(*p).age

13．以下 scanf 函数调用语句中对结构体变量成员的不正确引用是（　　）。

```
struct pupil
{
    char name[20];
    int age;
    int sex;
}pup[5],*p;
p=pup;
```

A．scanf("%s",pup[0].name);　　B．scanf("%d",&pup[0].age);

C．scanf("%d",&(p->sex));　　D．scanf("%d",p->age);

14．下列程序的输出结果是（　　）。

```
struct abc{int a, b, c;};
main()
{
    struct abc s[2]={{1,2,3},{4,5,6}};
    int t;
    t=s[0].a+s[1].b;
    printf("%d\n",t);
}
```

A．5　　B．6　　C．7　　D．8

15．有以下程序：

```
struct stu{int num;char name[10];int age;};
void fun(struct stu *p)
{ printf("%s\n" ,(*p).name); }
main()
{
   struct stu;
   students[3]={{9801,"Zhang",20},{9802,"Wang",19},{9803,"Zhao",18} };
   fun(students+2);
}
```

程序运行后的输出结果是（　　）。

A．Zhang　　B．Zhao　　C．Wang　　D．18

16．下列程序的输出结果是（　　）。

```
struct st {int x;int *y;}*p;
int dt[4]={10,20,30,40};
struct st aa[4]={50,&dt[0],60,&dt[1],70,&dt[2],80,&dt[3]};
main()
{
    p=aa;printf("%d\n",++p->x);
    printf("%d\n",(++p)->x);
    printf("%d\n",++(*p->y));
}
```

A.	B.	C.	D.
10	50	51	60
20	60	60	70
20	21	21	31

17．有以下程序：

```
struct stu
{char num[10]; float score[3];};
main()
{
    struct stu s[3]={{"20021",90,95,85},{"20022",95,80,75},
    {"20023",100,95,90}},*p=s;
    int i;float sum=0;
```

```
        for(i=0;i<3;i++)
            sum=sum+p->score[i];
        printf("%6.2f\n",sum);
    }
```

程序运行后的输出结果是（　　）。

A．260.00　　B．270.00　　C．280.00　　D．285.00

18．下列程序的输出结果是（　　）。

```
struct st
{
    int x; int *y;} *p;
    int dt[4]={10,20,30,40};
    struct st aa[4]={{50,&dt[0]},{60,&dt[0]},{60,&dt[0]},{60,&dt[0]}
};
main()
{
    p=aa;
    printf("%d\n",++(p->x));
}
```

A．10　　B．11　　C．51　　D．60

19．在16位IBM计算机上使用C语言，若有如下定义：

```
struct data
{
    int i;
    char ch;
    double f;
} b;
```

则结构变量b占用内存的字节数是（　　）。

A．1　　B．2　　C．7　　D．11

20．若有以下结构体，则正确的定义或引用是（　　）。

```
struct Test{int x;int y;}vl;
```

A．Test.x=10;　　B．Test v2;v2.x=10;

C．struct v2;v2.x=10;　　D．struct Test v2={10};

21．若有以下定义和语句：

```
struct a
{ int n,m;};
struct a st[3]={{1,20},{2,19},{3,21}};
truct a *p=st;
```

则以下错误的引用是（　　）。

A．(p++)->n　　B．st[0].n　　C．(*p).n　　D．p=&st.m

22．若有以下语句：

```
struct student
{
    int num;
```

```
        int age;
    };
    struct student stu[3]={{1001,20},{1002,19},{1003,21}};
    struct student *p;
    p=stu;
```

下述表达式中值为 1002 的是（　　）。

A．(++p)-> num　　B．(p++)->age

C．(*p).num　　D．(*p++).age

23．若有以下说明和语句：

```
struct student
{   int age;
    int num;
} std,*p;
p=&std;
```

则以下对结构体变量 std 中成员 age 的引用方式不正确的是（　　）。

A．std.age　　B．p->age　　C．(*p).age　　D．*p.age

24．以下程序的输出结果是（　　）。

```
#include<stdio.h>
struct HAR
{
    int x,y;
    struct HAR*p;
}h[2];
main()
{
    h[0].x=1;h[0].y=2;
    h[1].x=3; h[1].y=4;
    h[0].p=&h[1];
    h[1].p=h;
    printf("%d %d\n", (h[0].p)->x,(h[1].p)->y);
}
```

A．1 2　　B．2 3　　C．1 4　　D．3 2

25．若有以下语句：

```
struct person
{
    char name[10];
    int age;
}class[10]={"liming",29,"zhanghong",21,"wangfang",22};
```

下述表达式中，值为 72 的是（　　）。

A．class[0]->age+class[1]->age+class[2]->age

B．class[1].name[5]

C．person[1].name[5]

D．class->name[5]

26．设有如下定义：

```
struct ss
{
        char name[10];int age;char sex;
}std[3],*p=std;
```

下面各输入语句中错误的是（　　）。

A．scanf("%d",&(*p).age);　　B．scanf("%s",&stD.name);

C．scanf("%c",&std[0].sex);　　D．scanf("%c",&(p->sex));

27．使用结构体 struct 的目的是（　　）。

A．将一组相关的数据作为一个整体，以便程序使用

B．将一组相同数据类型的数据作为一个整体，以便程序使用

C．将一组数据作为一个整体，以便其中的成员共享同一存储空间

D．将一组数值一一列写出来，变量的值只限于列举的数值的范围内

28．下列程序的输出结果为（　　）。

```
#include <string.h>
main( )
{
      void func( );
      struct date
      {   int a, b;
          char s[5];
       }arg;
       arg.a=27;
       arg.b=3;
       strcpy(arg.s, "abcd");
       func(arg.a, arg.b, arg.s);
       printf("arg.a=%d, arg.b=%d, arg.s=%s", arg.a, arg.b, arg.s);
}
void func(int x, int y, char *s1)
{
       x-=5;
       y+=10;
       s1="ABCD";
}
```

A．arg.a=22,arg.b=13,arg.s=ABCD

B．arg.a=27,arg.b=3,arg.s=abcd

C．arg.a=22,arg.b=13,arg.s=abcd

D．arg.a=27,arg.b=3,arg.s=ABCD

29．下列表达式中能表示结构体 xx 的成员 x 的表达式是（　　）。

```
struct xx{int x;};
struct yy{struct xx xxx;int yy;}xxyy;
```

A．xxyy.x　　B．xxyy->x

C．(&xxyy)->xxx.x　　D．xxx.x

三、判断题

1．结构体类型变量的字节数等于各成员字节数之和。（　）
2．一个结构体必须是由相同数据类型组成的集合。（　）
3．如果结构体的成员也是结构体，那么引用结构体的成员时必须逐级引用。（　）
4．在 C 语言中，定义结构体变量可以省略关键字 struct。（　）
5．在 C 语言中，可以通过结构体变量对结构体成员整体初始化。（　）
6．设有说明语句 struct ss｛int x;float y;｝ex;，则 ex 是结构体类型名。（　）
7．在 C 语言中结构体类型与结构体变量的含义一样，都是用来存放数据的。（　）
8．结构体数组在定义时不可以直接初始化。（　）
9．可以把结构体数组元素作为一个整体输出。（　）
10．结构体的成员只能是基本数据类型。（　）
11．在 C 语言中，结构体变量作为函数的参数进行传递时，传递的是结构体变量的地址。（　）
12．指向结构体变量的指针可以作函数的参数，实现传址调用。（　）
13．结构体成员必须是不同数据类型的变量。（　）
14．结构体类型本身不占内存空间，结构体变量占用内存空间。（　）
15．结构体名称在定义结构体时不可以省略。（　）

四、读程序，写结果

1．下面程序的输出结果是________。

```
#include <string.h>
struct student
{
    char name[10];
    long sno;
    float score;
};
main( )
{
    struct student a={"Zhangsan",2001,95},b={"Shangxian",2002,90},
    c={"Anhua",2003,95},d,*p=&d;
    d=a;
    if(strcmp(a.name,b.name)>0)   d=b;
    if(strcmp(c.name,d.name)>0)   d=c;
      printf("%ld%s\n",d.sno,p->name);
  }
```

2．下面程序的输出结果是________。

```
struct n
{
    int x;
    char c;
};
```

```
main()
{
    struct n a={10,'x'};
    func(a);
    printf("%d,%c",a.x,a.c);
}
func(struct n b)
{
    b.x=20;
    b.c='y';
}
```

3．下面程序的输出结果是________。

```
#include<stdio.h>
struct STU
{
    char name[10];
    int num;
};
void f1(struct STU c)
{
    struct STU b={"LiSiGuo",2042};
    c=b;
}
void f2(struct STU *c)
{
    struct STU b={"SunDan",2044};
    *c=b;
}
main()
{
    struct STU a={"YangSan", 2041},b={"WangYin",2043};
    f1(a);
    f2(&b);
    printf("%d    %d\n", a.num, b.num);
}
```

4．下面程序的输出结果是________。

```
#include <stdio.h>
struct strin
{
    char c[5];
    char *s;
};
main()
{
    struct strin s={"ABCD","EFGH"};
```

```
    printf("%s",s.c);
    printf("%c\n",*s.s);
}
```

5. 下面程序的输出结果是________。

```
#include <stdio.h>
struct student
{
    char name[20];
    int math;
};
main()
{
    struct student s={"tom",90};
    struct student *p=&s;
    printf("%s\t",p->name);
    printf("%d\n",p->math);
}
```

6. 下面程序的输出结果是________。

```
#include <stdio.h>
main()
{
    struct stu
    {
        char * name;
        int grade;
    }student,*p;
    p=&student;
    p->name="zhangsan";
    p->grade=90;
    printf("name=%s,grade=%d",student.name,student.grade);
}
```

7. 下面程序的输出结果是________。

```
#include <stdio.h>
struct stu
{
    int x;
    char c;
};
void func(struct stu *b)
{
    b->x = b->x + 9;
    b->c = 'n';
}
main()
{
```

```
    struct stu a={12,'y'},*p = &a;
    func(p);
    printf("%d,%c",a.x,a.c);
}
```

8．下面程序的输出结果是________。

```
#include <stdio.h>
struct tree
{
    int x;
    char *s;
}t;
func(struct tree*t)
{
    t->x=10;
    t->s="yes";
    return 0;
}
main( )
{
    t.x=1;
    t.s="no";
    func(&t);
    printf("%d, %s\n", t.x, t.s);
}
```

9．下面程序的输出结果是________。

```
#include"stdio.h"
struct man
{
    char name[20];int age;
}person[]={"liming",18,"wanghua",19,"zhangping",20};
void main()
{
    int old =0;
    struct man *p=person,*q;
    for (;p<=&person[2];p++)
    if (old<p->age){q=p;old=p->age;};
    printf("%s %d\n",q->name,q->age);
}
```

10．下面程序的输出结果是________。

```
#include"stdio.h"
struct stu
{
    int x;
    int y;
}*p;
struct stu a[4]={50,10,60,20,70,30,80,40};
```

```
void main()
{
    p=a;
    printf("%d,",++p->x);
    printf("%d,",(++p)->x);
    printf("%d\n",++(p->y));
}
```

11．下面程序的输出结果是________。

```
#include "stdio.h"
main()
{
    struct num{int x;int y;}
    sa[]={{2,32},{8,16},{4,48}};
    struct num *p=sa+1;
    int x;
     x=p->y/sa[0].x*++p->x;
    printf("x=%d p->x=%d",x,p->x);
}
```

12．下面程序的输出结果是________。

```
struct stu
{
    int num;
    char*name;
    char sex;
    float score;
}boy[5]={
{101,"Li ping",'M',45},
{102,"Zhang ping",'M',62.5},
{103,"He fang",'F',92.5},
{104,"Cheng ling",'F',87},
{105,"Wang ming",'M',58},
};
main()
{
    int i,c=0;
    float ave,s=0;
    for(i=0;i<5;i++)
    {
        s+=boy[i].score;
    if(boy[i].score<60) c+=1;
    }
    printf("s=%f\n",s);
    ave=s/5;
    printf("average=%f\ncount=%d\n",ave,c);
}
```

五、编程题

1．输入10种商品的信息（商品编号、商品名称、单价、数量），然后显示输出。

程序分析：本题中商品的属性信息比较丰富，商品编号可以是整型；商品名称为字符串；单价为浮点型；数量为整型。各属性数据类型不一致，不能使用简单的数组表示。所以这里使用结构体来定义商品信息的数据类型。要对10种商品信息进行管理，就必须使用结构体数组。程序执行过程如下图所示。

```
按提示输入3种商品的商品编号、商品名称、单价、数量：
请输入第1种商品的
商品编号：1001↙
商品名称：钢笔↙
单价：2.00↙
数量：200↙
请输入第2种商品的
商品编号：1002↙
商品名称：笔记本↙
单价：1.50↙
数量：100↙
请输入第3种商品的
商品编号：1003↙
商品名称：稿纸↙
单价：1.00↙
数量：400↙
商品编号  商品名称  单价  数量
  1001     钢笔     2.00  200
  1002     笔记本   1.50  100
  1003     稿纸     1.00  400
```

2．编写一个商品库存管理程序，对库存商品进行以下管理：商品入库、商品出库、商品查找。

注意：仓库中共有10件商品，每件商品的信息包括编号、名称、数量和单价。

程序分析：在本题中，用结构体表示商品信息类型，用结构体数组存储10件商品数据，结构体数组在定义时直接进行初始化。为了增强程序的模块化，采用菜单操作，用函数实现菜单功能。菜单包括下图所示的4个功能：

```
==========商品库存管理系统==========
             1.商品入库
             2.商品出库
             3.商品查找
             4.退出
     请输入功能选项号码：
```

选择商品入库和商品出库操作时，要求输入入/出库商品的编号和入/出库数量，通过输入信息在数组中找到该商品，更改其库存。注意出库前一定要先检查商品库存是否足够出库。选择查找商品时，要求输入商品编号，通过该编号在数组中找到商品，打印各项信息。通过分析，应定义三个函数：

（1）int findgoods(struct goods_info *,int)：查找商品库存，参数有两个，第一个为指向结构体数组的指针，第二个参数为要查找的商品编号。函数功能是在第一个参数指向的商品信息结构体数组中，循环查找商品编号等于第二个参数的数组元素，若找到则返回该元素的数组下标，没找到返回-1。

（2）void addstock(struct goods_info *)：增加库存，函数参数是指向存储商品信息的结构体数组的指针。函数功能是输入要增加库存的商品编号、入库数量。调用 findgoods()函数，在结构体数组中找到该商品位置，增加库存。

（3）void substock(struct goods_info *)：减少库存。函数的参数和实现方式与 addstock()函数相同，但应注意出库前必须检查该商品库存是否足够出库。

第八单元　文　　件

一、填空题

1．以下程序用来统计文件内容中字符的个数，请填空。

```
#include<stdio.h>
#include<string>
void main()
{
    FILE *fp;
    long num=0;
    if((fp=fopen("test.txt","r"))==NULL)
    {
        printf("Open error\n");
        exit(0);
    }
    while(__________)
    {
        fgetc(fp);
        num++;
    }
    printf("num=%ld\n",num-1);
    fclose(fp);
}
```

2．以下程序段的功能是：用户从键盘输入一个文件名，然后输入一串字符（用#结束输入）存放到此文件中，形成文本文件，并将字符的个数写到文件的尾部。请填空。

```
void main()
{
    FILE *fp;
    char ch,fname[32];int count=0;
    printf("Input the filename:");
    scanf("%s",_________);
    if((fp=fopen(fname,"w+"))==NULL)
    {
        printf("Can't open file:%s\n",fname);
        exit(0);
    }
    printf("Enter data:\n");
    while((ch=getchar())!='#')
    {
        fputc(ch,fp);
        count++;
```

```
    }
fprintf(________,"\n%d\n,count");
fclose(fp);
}
```

3．有以下程序的功能是：以二进制写方式打开文件 d1.dat，写入 1～100 这 100 个整数后关闭文件。再以二进制读方式打开文件 d1.dat，将这 100 个整数读入到另一个数组 b 中，并打印输出，请填空。

```
main()
{
    FILE *fp;
    int i,a[100],b[100];
    fp = fopen("d1.dat","wb");
    for(i=0;i<100;i++)
        a[i]=________;
    fwrite(a,sizeof(int),100,fp);
    fclose(fp);
    fp=fopen("d1.dat","wb");
    fread(b,sizeof(int),100,fp);
    fclose(fp);
    for(i=0;i<100;i++)
        printf("%d\n",b[i]);
}
```

4．下面程序把从终端读入的文本（用@作为文本结束标志）输出到一个名为 bi.dat 的新文件中，请填空。

```
FILE *fp;
void main()
{
    char ch;
    if((fp=fopen(_________,"r+"))==NULL)
    exit(0);
    while((ch=getchar())!='@')
    fputc(ch,fp);
    fclose(fp);
}
```

二、选择题

1．若要以读、写方式打开 A:\user\abc.txt 文件，符合此要求的函数调用是（　　）。

A．fopen("A:\user\abc,txt","r")　　B．fopen("A:\\user\\abc.txt","r+")

C．fopen("A:\user\abc.tx","rb")　　D．fopen("A:\\user\\abc.txt","w")

2．下述关于 C 语言文件操作的结论中，正确的是（　　）。

A．对文件操作必须先关闭文件

B．对文件操作必须先打开文件

C．对文件操作顺序无要求

D．对文件操作必须先测文件是否存在，然后再打开文件

3．若 fp 已正确定义指向某个文件，当未遇到该文件的结束标志时，函数 feof(fp)的值为（　　）。

A．0　　B．1　　C．-1　　D．一个非 0 值

4．下列关于 C 语言数据文件的叙述中，正确的是（　　）。

A．文件由 ASCII 码字符序列组成，C 语言只能读写文本文件

B．文件由二进制数据序列组成，C 语言只能读写二进制文件

C．文件由记录序列组成，可按数据的存放形式分为二进制文件和文本文件

D．文件由数据流形式组成，可按数据的存放形式分为二进制文件和文本文件

5．设 fp 为指向某二进制文件的指针，且已读到此文件末尾，函数 feof(fp)的返回值为（　　）。

A．EOF　　B．非 0 值　　C．0　　D．NULL

6．以下与函数 fseek(fp,0L,SEEK_SET)有相同作用的是（　　）。

A．feof(fp)　　B．ftell(fp)　　C．fgets(fp)　　D．rewind(fp)

7．下面程序运行后，文件 t1.dat 中的内容是（　　）。

```
#include<stdio.h>
void WriteStr(char*fn,char*str)
{ FILE *fp;
fp=fopen(fn,"w");fputs(str,fp);fclose(fp);
}
void main()
{
    WriteStr("t1.dat","start");
    WriteStr("t1.dat","end");
}
```

A．start　　B．end　　C．startend　　D．endrt

8．下列对于文件打开方式的叙述中，错误的是（　　）。

A．用 r 方式打开的文件只能读

B．用 w 方式打开的文件只能向该文件写数据

C．用 a 方式打开的文件既能读，又可以向该文件写数据

D．如果不能打开文件，fopen()函数将会返回一个错误信息

9．在 C 语言中，文件使用方式中（　　）代表为写入方式打开一个二进制文件。

A．wb　　B．w　　C．r+　　D．rb+

10．以下叙述中正确的是（　　）。

A．C 语言中的文件是流式文件，因此只能顺序存取数据

B．打开一个已存在的文件并进行了写操作后，原有文件中的全部数据必定被覆盖

C．在一个程序中当对文件进行了写操作后，必须先关闭该文件然后再打开，才能读到第 1 个数据

D．当对文件的读（写）操作完成之后，必须将它关闭，否则可能导致数据丢失

11．下面程序执行完毕，文件中的内容应该是（　　）。

```
#include<stdio.h>
void main()
```

```
{
    FILE *fp;   int i;
    char ch[]="abcd",t;
    fp=fopen("abc.dat","wb+");
    for(i=0;i<4;i++) fwrite(&ch[i],2,1,fp);
    fseek(fp,-3L,SEEK_END);
    fread(&t,1,1,fp);
    fclose(fp);
    printf("%c\n",t);
}
```

A．d　　B．c　　C．b　　D．a

12．以下叙述中错误的是（　　）。

A．C 语言中对二进制文件的访问速度比文本文件快

B．C 语言中，随机文件以二进制代码形式存储数据

C．语句 file fp;定义了一个名为 fp 的文件指针

D．C 语言中的文本文件以 ASCII 码的形式存储数据

13．要对打开的已存在的非空文件 file 进行修改，正确的语句是（　　）。

A．fp=fopen("file","r");　　B．fp=fopen("file","a+");

C．fp=fopen("file","w");　　D．fp=fopen("file","r+");

14．要为读/写操作打开一个字符文件，其正确的打开方式为（　　）。

A．wr　　B．r+　　C．rb+　　D．rw

15．可以把整数以二进制形式存放到文件中的函数是（　　）。

A．fprintf()函数　　B．fread()函数

C．fwrite()函数　　D．fputc()函数

16．以下叙述中不正确的是（　　）。

A．C 语言中的文本文件以 ASCII 码形式存储数据

B．C 语言中，feof()函数既可以判断文本文件，也可以判断二进制文件

C．C 语言中对文件读写时使用方式参数 rb+表示读和写打开一个二进制文件

D．C 语言中，顺序读写方式不适用于二进制

17．以下程序企图把从终端输入的字符输出到名为 abc.txt 的文件中，直到从终端读入字符#号时结束输入和输出操作，但程序运行错误。

```
#include<stdio.h>
main()
{   FILE *fout;char ch;
    fout=fopen('abc.txt','w');
    ch=fgetc(stdin);
    while(ch!='#')
    {   fputc(ch,fout);
        ch=fgetc(stdin);
    }
    fclose(fout);
}
```

程序出错的原因是（　　）。

A．函数 fopen()调用形式有误　　B．输入文件没有关闭

C．函数 fgetc()调用形式有误　　D．文件指针 stdin 没有定义

18．以下叙述中错误的是（　　）。

A．二进制文件打开后可以读文件的末尾，顺序文件不可以

B．在程序结束时，应当用 fclose()函数关闭已打开的文件

C．利用 fread()函数从二进制文件中读数据，能用数组名给数组中所有元素读入数据

D．不可以用 file 定义指向二进制文件的文件指针

19．执行以下程序后，test.txt 文件的内容是（　　）。

```
#include <stdio.h>
void main()
{
    FILE *fp;
    char s1[]="fortran",s2[]="basic";
    if(fp=fopen("e:\\test.txt","wb")==NULL)
    {   printf("can't open test.txt file\n");   }
    fwrite(s1,2,1,fp);
    fseek(fp,1,SEEK_SET);
    fwrite(s2,5,1,fp);
    fclose(fp);
}
```

A．basican　　B．basicfortran

C．basic　　D．fortranbasic

三、读程序，写结果

1．下面程序的输出结果是________。

```
main()
{   FILE *fp;int i,k,n;
    fp=fopen("data.dat","w+");
    for(i=1;i<6;i++)
    {   fprintf(fp,"%d",i);
        if(i%3==0)fprintf(fp,"\n");
    }
    rewind(fp);
    fscanf(fp,"%d%d",&k,&n);printf("%d%d\n",k,n);
    fclose(fp);
}
```

2．下面程序运行后，文件 t1.dat 中的内容是________。

```
void WriteStr(char*fn,char*str)
{
    FILE *fp;
    fp=fopen(fn,"W");
```

```
        fputs(str,fp);
    fclose(fp);
    }
    main()
    {
        WriteStr("t1.dat","start");
        WriteStr("t1.dat","end");
    }
```

3．有如下程序，若文本文件 f1.txt 中原有内容为 good，则运行以下程序后文件 f1.txt 中的内容为________。

```
main()
{
    FILE *fp1;
    fp1=fopen("f1.txt","w");
    fprintf(fp1,"abc");
    fclose(fp1);
}
```

4．下面程序的输出结果是________。

```
main()
{
    FILE *fp;int i,k=0,n=0;
    fp=fopen("d1.dat","w");
    for(i=1;i<4;i++)fprintf(fp,"%d",i);
    fclose(fp);
    fp=fopen("d1.dat","r");
    fscanf(fp,"%d%d",&k,&n);printf("%d%d\n",k,n);
    fclose(fp);
}
```

5．下面程序的输出结果是________。

```
main()
{
    FILE *fp;int i=20,j=30,k,n;
    fp=fopen("d1.dat""w");
    fprintf(fp,"%d\n",i);fprintf(fp,"%d\n",j);
    fclose(fp);
    fp=fopen("d1.dat","r");
    fp=fscanf(fp,"%d%d"， &k,&n);printf("%d%d\n",k,n);
    fclose(fp);
}
```

6．下面的程序执行后，文件 test.txt 中的内容是________。

```
void fun(char *fname,char *st)
{
    FILE *myf;int i;
    myf=fopen(fname,"w");
```

```
        fputc(st,myf);
        fclose(myf);
    }
    main()
    {   fun("test.txt","new world");
        fun("test.txt","hello, ");
    }
```

第二部分 实 验 指 导

C 语言是现代最流行的通用程序设计语言之一，它既具有高级程序设计语言的优点，又具有低级程序设计语言的特点，既可以用来编写系统程序，又可以用来编写应用程序。因此，C 语言被人们迅速地推广和普及。上机实验是该课程教学的一个重要环节，因此要求学生做一定数量的上机实验。整个教学和实验中，均采用 Visual C++ 6.0 作为实验环境，本部分的针对性强，能切实培养学生实践动手能力，使学生掌握调试程序的方法。通过调试理解 C 语言程序运行的过程以及 C 语言的语法规则，为后续的课程设计、计算机等级考试及其他应用做好充分的准备。

本部分根据实验教学大纲，共编写了 15 个实验，循序渐进地引导学生做好各章的实验。其中思考题属于扩展应用部分，学生可以根据自己的学习情况选择完成。

实验一 安装程序运行环境和调试简单 C 语言程序

一、实验目的

1．掌握 Visual C++ 6.0 集成环境的使用，能将一个简单的 C 语言程序打开、存储、编译、连接、运行并查看其运行结果。

2．掌握和理解 C 语言程序的结构特点。

3．掌握函数定义的一般格式。

4．掌握 C 语言程序的书写注意事项。

二、实验指导

Visual C++ 6.0（简称 VC）是一个集程序编辑、编译、连接、调试于一体的 C 语言程序集成开发软件，该软件不仅支持传统的软件开发方法，还支持面向对象的开发风格，其可以看作是一个集成开发工具。本次实验将要学习如何使用该集成开发软件。

1. 创建一个新的文件夹

为了方便管理 C 语言程序，在启动 Visual C++ 6.0 集成开发环境前，首先在 C 盘创建一个新的文件夹，以便存放自己的 C 语言程序。

2. 启动 Visual C++ 6.0 集成开发环境

单击“开始”→“程序”→Microsoft Visual Studio 6.0→Microsoft Visual C++ 6.0，就可以启动 Visual C++ 6.0 集成开发环境。启动后的 Visual C++ 6.0 集成开发环境如图 1-1 所示。

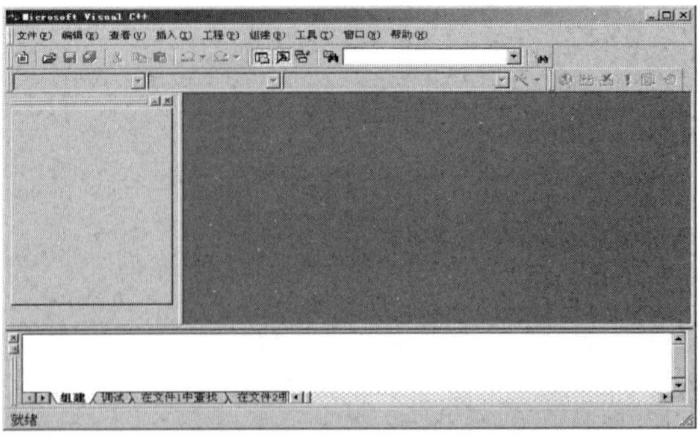

图 1-1　Visual C++ 6.0 中文版集成开发环境

3. 开始一个新程序

（1）创建工程。单击主菜单中的“文件”→“新建”命令，弹出“新建”对话框，在“新建”对话框中选择“工程”选项卡。在左边列出的选项中，选择 WIN32 Console Application；在右边相应的对话框中，输入工程名称及保存的位置，如图 1-2 所示，单击“确定”按钮。

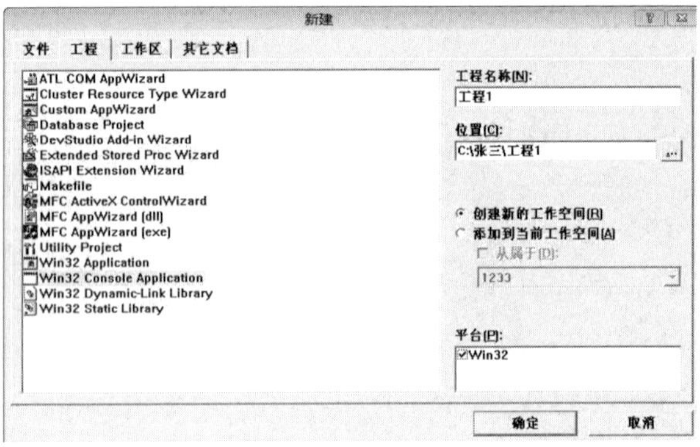

图 1-2　新建工程

（2）创建文件。单击主菜单中的“文件”→“新建”命令，弹出“新建”对话框，在“新建”对话框中选择“文件”选项卡。在左边列出的选项中，选择 C++ Source File；在右边相应的对话框中，输入文件名称 c1-1.c 及保存的位置，如图 1-3 所示。单击“确定”按钮，进入 Visual C++ 6.0 集成环境的代码编辑窗口，如图 1-4 所示。

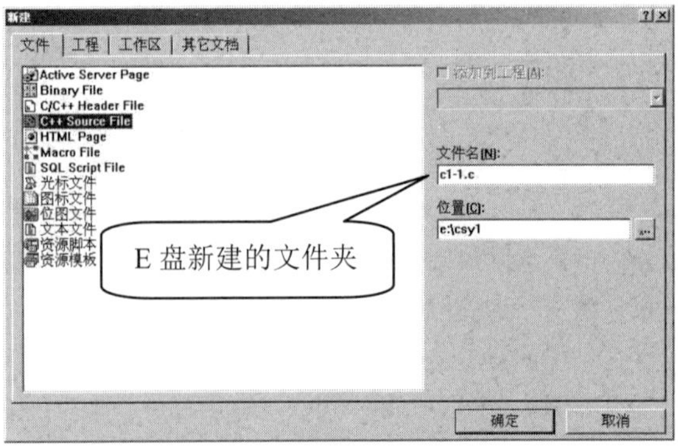

图 1-3　创建新的 C 语言文件

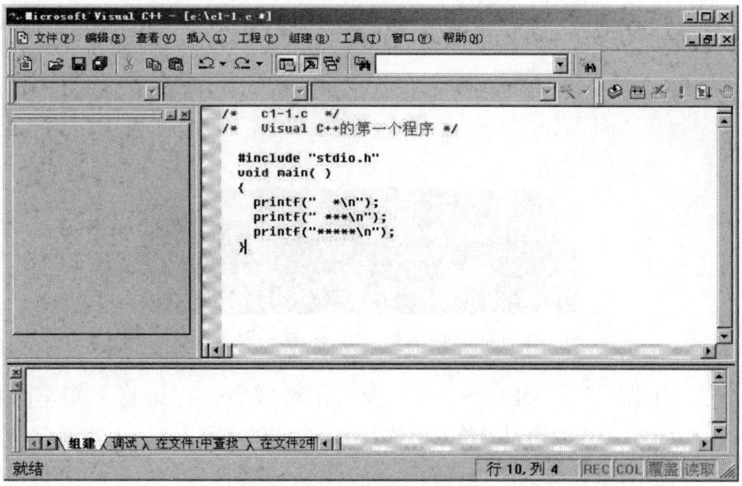

图 1-4　Visual C++ 6.0 集成开发环境的代码编辑窗口

（3）代码编辑。在 Visual C++ 6.0 代码编辑窗口中，输入如下源代码。

```
#include <stdio.h>
void main( )
{
    printf("我的第一个 C 程序\n");
}
```

（4）程序的编译、连接与运行。单击主菜单下的“组建”→“编译[1.c]”命令（或单击工具栏上的按钮或使用组合键 Ctrl+F7）。编译后，在下方的输出框中将显示出相应的编译说明，如图 1-5 所示。如果代码编译无误，最后将显示：1.obj - 0 error(s), 0 warning(s)。这说明编译没有错误（error）和警告（warning），并生成目标文件 1.obj，程序编译顺利完成。目标文件（.obj）不能被计算机直接执行，接下来将目标文件（.obj）和相关的库函数或目标程序连接成为可执行程序（.exe）。

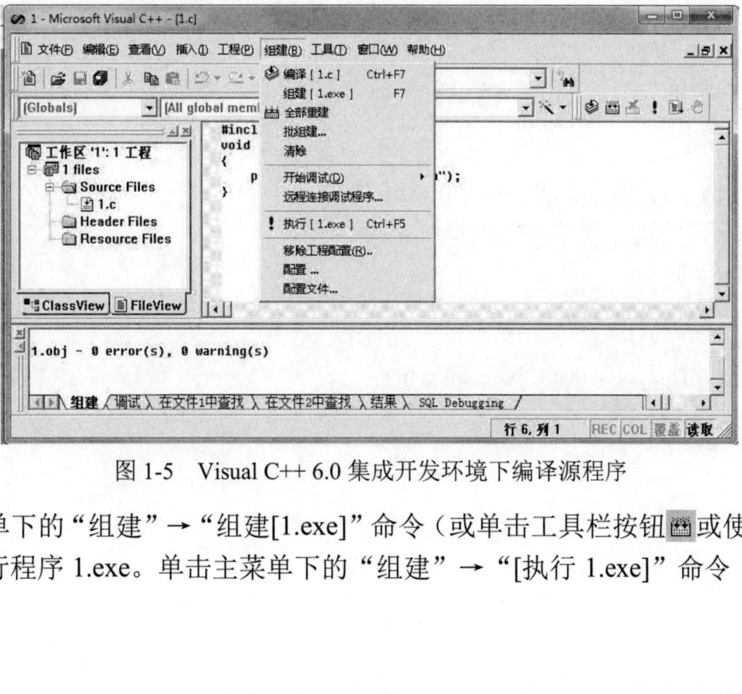

图 1-5　Visual C++ 6.0 集成开发环境下编译源程序

单击主菜单下的“组建”→“组建[1.exe]”命令（或单击工具栏按钮或使用快捷键 F7），直接生成可执行程序 1.exe。单击主菜单下的“组建”→“[执行 1.exe]”命令（或单击工具栏按钮!），弹出一个控制台程序窗口，程序正确运行，如图 1-6 所示。按任意键后返回 Visual C++ 6.0 集成开发环境。

图 1-6　Visual C++ 6.0 集成环境下程序运行结果

（5）关闭工作空间。当第（1）～（4）步工作完成后，应该将工作空间保存下来，并关闭工作空间，以便新建下一个新的程序。单击主菜单下的“文件”→“保存全部”命令，然后再单击“文件”→“关闭工作空间”命令，询问确认要关闭所有文档窗口，选择“是（Y）”按钮。

（6）程序举例。

【例 1.1】编程实现在屏幕上显示一行文字“This is my first C program.”。

在 VC 的集成环境下，输入如下源文件。将文件名改为 example.c，并修改路径。

```
#include <stdio.h>
void main()
{
    printf("This is my first C program.\n");
}
```

然后分别单击按钮编译、连接、运行程序。注意，在运行程序之前最好先保存。

【例 1.2】输入并运行程序，写出运行结果。

```
#include <stdio.h>
void main()
{
    int a,b,sum;
    a=123;b=456;
    sum=a+b;
    printf("sum is %d\n",sum);
}
```

运行方法同例 1.1，最后结果为：sum is 579。

【例 1.3】输入并运行程序，写出运行结果。

```
#include <stdio.h>
void a()
{
    printf("This is my first C program.\n");
}
void main()
{
    a( );
}
```

这个程序的功能是利用函数调用输出文本“This is my first C program.”。

【例 1.4】输入并运行程序，写出运行结果。

```
#include <stdio.h>
void a()
{
    printf("This is a C program.\n");
}
void b()
{
    a();
}
void main()
{
    b();
}
```

这个程序的功能是利用函数间接调用输出文本“This is a C program.”。

三、实验内容

1．Visual C++ 6.0 的启动及工作环境认识。

2．在 Visual C++ 6.0 环境中运行 C 语言程序。

3．编程实现输出如下内容（注意换行符的使用）。

```
**************
我们会是好朋友
**************
```

4．编程利用函数调用实现例 1.4 功能。

5．编程实现输出两个数据的和。

6．给以上程序添加注释。

具体步骤如下：

（1）双击桌面 Visual C++ 6.0 快捷方式进入 Visual C++ 6.0 界面，或通过执行“开始”→“程序”→Microsoft Visual Studio 6.0→Microsoft Visual C++ 6.0 进入界面。

（2）单击“文件”→“新建”命令，在打开的“新建”对话框中选择“工程”标签。选择 Win32 Console Application，选择文件保存位置，然后在输入栏中输入工程名。

（3）单击“文件”→“新建”命令，在打开的“新建”对话框中选择“文件”标签。选择 C++ Source File，选择文件保存位置，然后在文件输入栏中输入文件名。

（4）输入源程序。

（5）使用工具栏中的相应工具进行编译、连接、运行。若程序有错则找到出错行修改程序。

（6）保存、关闭工作区。

（7）重复（2）～（6）步，建立第二个项目，实现利用函数调用输出内容。

（8）重复（2）～（6）步，建立第三个项目，实现输出两个数据的和。

【选做】

1．编写程序输出你的姓名、班级及爱好。

2．将上题改写用函数调用的形式实现。

3．自学利用函数调用求任意两个数据的和。

4．该源程序有错，请调试修改正确。

```
void main()
{
    int a=2,b=c=3;
    sum=a+b+c
    printf("%d",sum);
}
```

5．以下程序的功能是交换变量 num1 和 num2 的值。所给源程序有错，按要求调试程序并改错。

```
void main()
{
  int num1,num2;
  num1=2;
  num2=3;
  printf("num1=%d,num2=%d\n",num1,num2);
  num1=num2;
  num2=num1;
  printf("num1=%d,num2=%d\n",num1,num2);
}
```

实验二　数据类型、运算符与表达式

一、实验目的

1．掌握 C 语言中基本的数据类型变量，熟悉各种数据类型变量的定义和赋值。
2．掌握表达式值的计算方法与计算原则（优先级和结合性）。
3．学会使用 C 语言中常见的运算符，特别是++运算符和--运算符的使用方法。

二、实验指导

1．变量的定义与初始化

在 C 语言中，要求变量必须先定义后使用。

（1）变量定义的一般格式：

[存储类型] 数据类型 变量名[, 变量名 2…];

例如，float radius, length, area;

（2）变量初始化的一般格式：

[存储类型] 数据类型 变量名[=初值][, 变量名 2[=初值 2]…];

例如，float radius=2.5, length, area;

变量的初始化是指在定义变量的同时进行赋初值的操作。如下变量的定义与初始化是错误的：

```
float radius=length=2.5;
```

因为在定义同一数据类型的变量时，各变量名之间必须用逗号分隔。

（3）标识符定义规则：简单地说，标识符就是一个名字。在 C 语言中，符号常量、变量名、函数名、文件名等都称为标识符。标识符的命名规则为：只能由字母、数字和下划线组成，且以字母或下划线开头；标识符长度随系统而异，但至少前 8 个字符有效，如果超长，则超长部分被舍弃；C 语言的关键字不能用作标识符。

对于标识符命名，要养成良好习惯，尽量做到见名知意。所谓“见名知意”是指通过变量名就知道变量值的含义。通常应选择能表示数据含义的英文单词（或缩写）或汉语拼音字头作变量名，例如：name/xm、sex/xb、age/nl、salary/gz 等。

（4）变量的赋值：用赋值运算符给变量赋值。

例如：

```
main()
{   int a,b;
    a=2;
    b=3; /*两条赋值语句的作用分别是使变量 a 的值为 2、变量 b 的值为 3*/
    …
}
```

2．运算符的使用

C 语言中有十分丰富的运算符，有些运算符对于运算对象有特殊要求，例如：

（1）%（求余运算符）。两侧的操作数均为整型数据，否则出错。

例如：

```
float x;
int y;
y=x%y;
```

在上述程序段中，x 为浮点型数据，不能作为%的运算对象。

（2）/（相除运算符）。两个整数相除，其商为整数，小数部分被舍弃。两个数有一个为实数，则结果为 double 型。

例如：

```
5/2 =2
5.0/2=2.5
```

又如：

```
float a=5;
a=a/2; /*a 的值为 2.5*/
```

（3）自增（++）运算符、自减（--）运算符。自增运算使单个变量的值增 1，自减运算使单个变量的值减 1。

前置运算（运算符放在变量之前）：++变量、--变量，功能是先使变量的值增（或减）1，然后再以变化后的值参与其他运算，即先增减，后运算。

后置运算（运算符放在变量之后）：变量++、变量--，功能是变量先参与其他运算，然后再使变量的值增（或减）1，即先运算，后增减。

例如：

```
int x, y;
x=6;
y = ++x;     /*y=7*/
y = x- -;    /*y= 7*/
```

注意：自增运算符、自减运算符不能用于常量和表达式。例如，5++、--(a+b)等都是非法的。

3. 表达式求值

表达式的求值原则：

（1）按运算符的优先级、高低次序执行。例如，先乘除后加减。

（2）如果一个运算对象（或称操作数）两侧的运算符的优先级相同，则按 C 语言规定的结合方向（结合性）进行。

4. 分析例题的运行结果

【例 2.1】字符输出案例。

```
void main( )
{
    char ch1,ch2;
    ch1='a'; ch2='B';
    printf("ch1=%c,ch2=%c\n",ch1-32,ch2+32);
}
```

【例 2.2】自加和自减案例。

```
void main( )
{
```

```
i,j,m,n;
i=8; j=10;
m+= i ++; n -= --j;
printf("i=%d,j=%d,m=%d,n=%d",i,j,m,n);
}
```

三、实验内容

编写程序：

1．利用转义字符输出课程表。

2．求任意一个圆的面积（要求使用符号常量）。

3．通过键盘输入一个大写字母，将其转换成小写字母输出。

4．输入一个四位数据，输出该数各位的和。如输入 5540，最后输出 14。

【选做】

1．计算以下各表达式的结果并上机验证计算结果是否正确。

（1）25/3%3

（2）3.5+1/2+56%10

（3）若有定义：int b=7;float a=2.5,c=4.7;则 a+(int)(b/3*(int)(a+c)/2)%4 表达式的值是多少？

（4）若有定义：int x,y,z;，执行语句：x=(y=(z=10)+5)-5;，则 x=?y=?z=?

（5）x、a 均是整型，执行 x=(a=4,6*2);后，x 的值是多少？执行 x=a=4,6*2 后，x 的值是多少？

（6）若有定义：int x=5,n=5;，执行 x+=n++后，x=?n=?

2．读以下源程序，写出输出结果并上机验证，想一想为什么会有这样的结果。

（1）main()

```
{
    char ch1,ch2;
    ch1='a'; ch2='B';
    printf("ch1=%c,ch2=%c\n",ch1-32,ch2+32);
}
```

（2）main()

```
{
    i=8; j=10;
    m+= i ++; n -= --j;
    printf("i=%d,j=%d,m=%d,n=%d",i,j,m,n);
}
```

实验三　顺序结构程序设计

一、实验目的

1．掌握简单的程序设计，能正确写出顺序结构的 C 程序。

2．掌握输入函数和输出函数的使用方法。

二、实验指导

C 语言中常见的 5 类语句如下。

1．空语句

空语句由一个“;”构成，该语句没有任何功能。

2．表达式语句

表达式语句是任意类型表达式加分号构成的。常用的是赋值语句，由赋值表达式加上一个分号构成，作用是将一个确定的值赋给一个变量，格式为：

```
变量名=表达式;
```

赋值语句有如下特点：

（1）先计算，后赋值。先计算表达式的值，再赋给赋值号左边的变量。

（2）赋值语句中的“=”是赋值号，不是数学意义的等号，赋值号两侧的内容不能任意调换。

注意： 赋值运算符的左边只能是变量名，不能是表达式或常量。

3．数据输入函数和输出函数调用语句

（1）getchar()函数。此函数的功能是等待输入直到按回车键才结束，按回车键前的所有输入字符都会逐个显示在屏幕上，但只有第一个字符作为函数的返回值。其调用格式为：

```
变量=getchar();
```

例如：

```
#include<stdio.h>
#include<string.h>
main()
{
  char c;
  c=getchar();          /*从键盘读入字符直到按回车键结束*/
  putchar(c);           /*显示输入的第一个字符*/
}
```

输入：abc<回车>

程序运行后变量 c 的值为 a。

（2）scanf()函数。此函数的功能是将从键盘输入的字符转化为所规定格式的数据，然后存入以输入参数的值为地址的变量中。其调用格式为：

```
scanf("<格式化字符串>", <地址列表>);
```

其中，“格式化字符串”中可以包含任意合法的格式符，也可以包含非格式字符，但不能包含转义字符；“地址列表”是指需要读入的所有变量的地址，而不是变量本身。在使用该函数输入数据时，常见的错误主要有以下几种：

1）地址列表中，变量名前忘记加取地址符号（&）。

如：scanf("%d,%d",a,b);（此语句有错）

应改为：scanf("%d,%d",&a,&b);

2）格式控制字符与变量的类型不一致。

如：float a,b;

scanf("%d,%d",&a,&b);（此语句有错）

应改为：scanf("%f,%f",&a,&b);

3）输入数据的格式与 scanf()函数中的格式控制字符串不一致。

如：scanf("%d,%d",&a,&b);

输入数据：3 4 （此输入有错）

应改为：3,4

以上几种常见错误都会导致输入的数据不能正确地存放到相应的变量中。

（3）putchar()函数。该函数是向标准输出设备输出一个字符，其调用格式为：

```
putchar(ch);
```

其中，ch 为一个字符变量或常量。putchar()函数的作用等同于 printf("%c",ch);。

注意：该输出函数调用一次只能输出一个字符，要输出多个字符必须调用多次。

（4）printf()函数。该函数是格式化输出函数，一般用于向标准输出设备按规定格式输出信息，其调用格式为：

```
printf("<格式化字符串>", <输出列表>);
```

该函数中格式化字符串的使用十分复杂，现举例说明其常用的格式控制：

```
#include<stdio.h>
{
   int main()
   char c;
   int a=1234;
   float f=3.141592653589;
   double x=0.12345678987654321;
   c='\x41';
   printf("a=%d\n", a);          /*结果输出十进制整数 a=1234*/
   printf("a=%6d\n", a);         /*结果输出 6 位十进制数 a=   1234*/
   printf("a=%06d\n", a);        /*结果输出 6 位十进制数 a=001234*/
   printf("a=%2d\n", a);         /*a 超过 2 位，按实际值输出 a=1234*/
   printf("f=%f\n", f);          /*输出浮点数 f=3.141593*/
   printf("f=%6.4f\n", f);       /*输出 6 位（其中小数点后 4 位）的浮点数 f=3.1416*/
   printf("x=%lf\n", x);         /*输出长浮点数 x=0.123457*/
   printf("x=%18.16lf\n", x); /*输出 18 位(其中小数点后 16 位)的长浮点数 x=0.1234567898765432*/
   printf("c=%c\n", c);          /*输出字符 c=A*/
   printf("c=%x\n", c);          /*输出字符的 ASCII 码值 c=41*/
}
```

4. 复合语句

用一对{}把多条语句括起来称为一条复合语句。

5. 控制类语句

用来实现程序进行转移、选择、循环的语句。

三、实验内容

编写程序：

1. 输入两个数存储到变量a、b，交换它们的值，然后输出交换后结果。

2. 求任意一个长方形的面积和周长。

3. 模拟超市购物系统：已知苹果每斤3.5元，香蕉每斤2.6元，橘子每斤1.8元，编写程序要求输入各类水果的重量，输出应付金额，再输入顾客所付金额，输出应找顾客的金额。

【选做】

1. 编程实现：输入一个华氏温度，输出摄氏温度，公式为c=5/9*(f-32)。

2. 编程实现：输入三角形的三条边，求三角形的面积（保留2位小数）。

3. 某单位员工总工资由基本工资、物价津贴和房屋津贴三部分构成，物价津贴为基本工资的40%，房屋津贴为基本工资的20%，保险应扣除总工资的3%。编写实现：从键盘输入基本工资，输出该员工工资明细。

4. 先读下列程序，写出程序运算结果，再上机验证，观察程序运行结果与你所写的结果是否相同。

（1）
```
main()
{
    int x,y,z;
    x=y=2;z=3;
    y=x++-1;printf("%d\t%d\t",x,y);
    y=++x-1;printf("%d\t%d\t",x,y);
    y=z--+1;printf("%d\t%d\t",z,y);
    y=--z+1;printf("%d\t%d\n",z,y);
}
```

（2）
```
main()
{
    char c1='a',c2='b',c3='c',c4='\101',c5='\116';
    printf("a%cb%c\tc%c\tabc\n",c1,c2,c3);
    printf("\tb%c%c",c4,c5);
}
```

5. 下列程序需要输入数据，请写出输入数据的格式和输出变量的值并上机验证。

```
#include <stdio.h>
void main()
{
    int a,b,c;
    printf("input a,b,c\n");
    scanf("%d%d%d",&a,&b,&c);
    printf("a=%d,b=%d,c=%d",a,b,c);
}
```

实验四　选择结构程序设计（一）

一、实验目的

1．了解 C 语言中表示逻辑量的方法（以 0 代表“假”，以 1 代表“真”）。

2．熟练掌握 if 语句的应用。

二、实验指导

在写程序过程中，对于 if 条件语句的使用需注意以下几点。

1．条件表达式

条件表达式可以是任何表达式，判断条件成立与否是根据表达式的结果来判断，如果表达式值为 0 则条件不成立，表达式值为非 0 则条件成立。条件语句中，条件表达式的书写常出现以下几种错误：

（1）常将“==”写成“=”。如判断变量 a 是否等于一个常数的语句：

```
if(a=5)   printf("\n");
```

表达式 a=5 是赋值表达式，该表达式的值始终为 5（即非 0），则条件始终成立，条件判断失去意义。应改为：

```
if(a==5)   printf("\n");
```

（2）表达式必须用括号括起来，初学者常漏写括号。如：

```
if a==5   printf("\n");   //漏写括号后会出现语法错误
```

2．{}在条件语句中的使用

如果在选择语句中有一条以上的语句要执行时，必须使用“{}”把这些语句包括在其中。如 if…else 语句：

```
if(表达式)
{
    语句序列 1;
}
else
{
    语句序列 2;
}
```

3．程序举例

【例 4.1】以下源程序有错，请调试修改正确。

```
/*源程序实现的功能：输入两个实数，按从小到大的顺序输出*/
main()
{
    int a,b,t;
```

```
        scanf("%d%d", &a,&b);
        if (a>b)
            t=a;a=b;b=t
        printf("%d,%d",a,b);
    }
```

三、实验内容

编写程序：

1. 输入三个整数，输出其中最大值。

实现思路：

（1）定义三个整型变量 a、b、c 和 temp，其中，a、b、c 分别存放从键盘输入的整数；

（2）将 a 的值赋给 temp；

（3）比较 temp 和 b 的值，如果 b>temp，则将 b 的值赋给 temp；

（4）比较 temp 和 c 的值，如果 c>temp，则将 c 的值赋给 temp；

（5）最后输出 temp 的值。

2. 从键盘输入三个整数，按从小到大的顺序输出。

实现思路：

（1）定义三个整型变量 a、b、c，分别存放从键盘输入的整数；

（2）比较 a 和 b 的值，如果 a>b，则将 a 和 b 的值交换；

（3）比较 a 和 c 的值，如果 a>c，则将 a 和 c 的值交换；

（4）比较 b 和 c 的值，如果 b>c，则将 b 和 c 的值交换；

（5）最后依次输出 a、b、c 的值。

3. 编写程序：将百分制成绩转化为等级成绩，要求用 if 语句进行编程（分别用单分支和多分支 if 编写）。成绩转换规则如下：

90 分以上（包括 90）：优秀

80 分至 89 分（包括 80）：良好

60 分至 79 分（包括 60）：及格

60 分以下：不及格

实现思路：

（1）定义变量 score，存放从键盘输入的成绩；

（2）score 的值如果在 90 到 100 间，则输出“优秀”；

（3）score 的值如果在 80 到 89 间，则输出“良好”；

（4）score 的值如果在 60 到 79 间，则输出“及格”；

（5）score 的值如果在 0 到 59 间，则输出“不及格”；

（6）score 的值如果小于 0 或大于 100，则输出“成绩错误，请重新输入！”。

【选做】

编写程序，实现能进行四则运算的简单计算器（界面要友好）。

四、思考题

1．C 语言如何表示“真”与“假”？系统如何判断一个量的“真”与“假”？

2．写出下面各逻辑表达式的值。设 a=3，b=4，c=5。

（1）a+b>c&&b==c

（2）a||b+c&&b-c

（3）!(a>b)&&!c||1

（4）!(x=a)&&(y=b)&&0

（5）!(a+b)+c-1&&b+c/2

实验五　选择结构程序设计（二）

一、实验目的

1．熟练掌握 switch 语句的应用。
2．理解选择语句嵌套。

二、实验指导

1．switch 语句

语句格式为：

```
switch(表达式)
{
    case 常量 1:语句 1 或空;[break;]
    case 常量 2:语句 2 或空;[break;]
    …
    case 常量 n:语句 n 或空;[break;]
    default:语句 n+1 或空;[break;]
}
```

在使用 switch 语句时必须注意：

（1）表达式的结果应该是整型或字符数据类型。

（2）每个 case 或 default 后的语句可以是语句体，但不需要使用{}括起来。

（3）语句中的{}不能少。

2．选择语句嵌套

选择语句嵌套容易出错，其原因主要是不知道哪个 if 语句对应哪个 else 语句。

例如：

```
if(x>20||x<-10)
if(y<=100&&y>x)
    printf("Good");
else
    printf("Bad");
```

C 语言规定：else 语句与前边最近的一个 if 语句匹配，上例中的 else 与 if(y<=100&&y>x)相匹配。为了使 else 与 if(x>20||x<-10)相匹配，必须用花括号。如下所示：

```
if(x>20||x<-10)
{
    if(y<=100&&y>x)
        printf("Good");
}
else
    printf("Bad");
```

随着语句越来越复杂，程序行数的增加，程序也越来越阅读困难。通常为了使程序的结构更加清晰、便于阅读，常用锯齿形书写，按语句执行的逻辑关系对齐。锯齿形的写法如下所示：

```
#include <stdio.h>
void main()
{
    int x;
    scanf("%d",&x);
    if(x>0)
    {
        printf("x 是正数");
        x=x+1;
    }
    else
        printf("x 是负数");
}
```

3. *程序举例*

【例 5.1】输入某学生的成绩，经处理后给出学生的等级，等级分类如下：

90 分以上（包括 90）：A

80 至 89 分：B

70 至 79 分：C

60 至 69 分：D

60 分以下：E

程序分析：由题意知如果某学生成绩在 90 分以上（包括 90），等级为 A；如果成绩大于等于 80 分，等级为 B；如果成绩大于等于 70 分，等级为 C；如果成绩大于等于 60 分为 D；如果成绩小于 60 分，等级为 E；但输入成绩时也可能出错，出现数据小于 0 或大于 100 的情况，这时也要做处理，输出出错信息。因此，在用 if 嵌套前，应先判断输入的成绩是否在 0～100 之间。

```
#include"stdio.h"
void main()
{
    float score;
    char grade;
    printf("\nPlease input a student score:");
    scanf("%f",&score);
    if(score>100||score<0)
        printf("\nInput error!");
    else
        if(score>=90)
          grade='A';
        else
           if(score>=80)
             grade='B';
```

```
            else
              if(score>=70)
                   grade='C';
              else
                if(score>=60)
                   grade='D';
                else
                     grade='E';
    printf("\nThe student grade:%c",grade);
  }
```

输入测试数据，调试程序并写出结果。测试数据要覆盖所有路径，注意临界值，例如此题中的 100、60、0 以及小于 0 和大于 100 的数据。根据上机调试过程中的体会，用 switch 语句编写该程序。

三、实验内容

编写程序：

1．将百分制成绩转化为等级成绩，成绩不在合理范围内输出“成绩错误，请重新输入！”（用 switch 语句编写）。成绩转换规则如下：

90 分以上（包括 90）：优秀

80 至 89 分：良好

60 至 79 分：及格

60 分以下：不及格

2．实现能进行四则运算的简单计算器（用 switch 语句编写）。

3．有如下函数关系：

$$y=\begin{cases}x & x<1\\2x-1 & 1\leqslant x<10\\3x-11 & x\geqslant 10\end{cases}$$

用 scanf()函数输入 x 值，求函数 y 的值。

【选做】

企业发放的奖金根据利润提成。利润（I）低于或等于 10 万元时，奖金可提 10%；利润在 10 万到 20 万元之间时，低于 10 万元的部分按 10%提成，高于 10 万元的部分可提成 7.5%；利润在 20 万到 40 万元之间时，高于 20 万元的部分可提成 5%；利润在 40 万到 60 万元之间时，高于 40 万元的部分，可提成 3%；利润在 60 万到 100 万元之间时，高于 60 万元的部分，可提成 1.5%；利润高于 100 万元时，超过 100 万元的部分按 1%提成。从键盘输入当月利润 I，求应发放的奖金总数。

实验六 循环结构程序设计（一）

一、实验目的

1．掌握 while 语句、do…while 语句和 for 语句的用法，熟悉循环结构控制的方法。

2．掌握在程序设计中用循环的方法实现各种算法。

二、实验指导

1．for 循环

for 循环的一般形式为：

```
for(表达式 1;表达式 2;表达式 3)
        语句;
```

通常又可将三个表达式看作以下形式：

```
for(<初始化>;<条件表达式>;<增量>)
        语句;
```

“初始化”通常是一个赋值语句，它用来给循环控制变量赋初值；“条件表达式”是一个关系表达式，它决定什么时候退出循环；“增量”定义循环控制变量每循环一次后按什么方式变化。这三个部分之间用“;”分开。

例如：for(i=1;i<=10;i ++) 语句; 先给 i 赋初值 1，判断 i 是否小于等于 10，若是则执行语句，之后 i 值增加 1。再重新判断，直到条件为假，即 i>10 时，结束循环。

注意：

（1）for 循环中语句可以为语句体，但要用“{}”将参加循环的语句括起来。

（2）for 循环中的“初始化”“条件表达式”“增量”都是选择项，即可以缺省，但“;”不能缺省。省略了“初始化”，表示不对循环控制变量赋初值；省略了“条件表达式”，则不做其他处理时便成为死循环；省略了“增量”，则不对循环控制变量进行操作，这时可在语句体中加入修改循环控制变量的语句。

（3）在 for 循环体内也允许出现空语句。例如：

```
for(i=1;i<=10;i++);  /*此分号表示一条空语句，即循环体中无语句执行*/
```

2．while 循环

while 循环的一般形式为：

```
while(条件)
     语句;
```

while 循环表示当条件为真时，便执行语句，直到条件为假时才结束循环，并继续执行循环程序外的后续语句。

例如：

```
#include<stdio.h>
main()
{
```

```
        char c;
        c='\0';                    /*初始化变量 c*/
        while(c!='\n')             /*回车结束循环*/
            c=getchar();           /*从键盘接收字符，并显示*/
    }
```

上例中，while 循环第一次执行时，检查 c 的值是否为回车符，因其事先被初始化为空，所以条件为真，进入循环，等待键盘输入字符；一旦输入回车符，条件为假，循环便结束。与 for 循环一样，while 循环总是在循环开始时检验条件，这就意味着循环可能什么也不执行就退出。

3. do…while 循环

do…while 循环的一般形式为：

```
do{
    语句;
}while(条件);
```

do…while 循环与 while 循环的不同之处在于：它先执行循环中的语句，然后再判断条件是否为真，如果为真则继续循环；如果为假，则终止循环。因此，do…while 循环至少要执行一次循环语句。

4. 程序举例

【例 6.1】求计算式 s=3+33+333 的值。

```
#include<stdio.h>
void main()
{
    int s=0,t=3,i;
    for(i=1;i<=3;i++)
    {
        s=s+t;
        t=10*t+3;
    }
    printf("%d",s);
}
```

三、实验内容

编写程序：

1．分别计算 1 到 100 的整数和、奇数和及偶数和并输出。

2．求 10！并输出。

3．输出所有的水仙花数（“水仙花数”指各位数字的立方和等于该数本身的三位数）。

4．编写程序，通过键盘输入某班若干学生的英语成绩，统计并输出平均分、最高分、最低分、及格人数和不及格人数（要求界面要设计合理）。

【选做】

1．某歌唱比赛，有 10 个评委评分，输入每个评委给出的分数，输出该名选手的最终得分（选手得分为去掉评分最高分和最低分后的平均分）。

2．输入一行字符，分别统计出其中英文字母、空格、数字和其他字符的个数。

3．猴子吃桃问题：猴子第一天摘下若干个桃子，当即吃了一半，还不过瘾，又多吃了一个。第二天早上又将剩下的桃子吃掉一半，又多吃了一个。以后每天早上都吃了前一天剩下的一半零一个。到第十天早上想再吃时，见只剩下一个桃子了。求第一天共摘了多少？

4．有一分数序列：2/1，3/2，5/3，8/5，13/8，21/13...求出这个数列的前 20 项之和。

5．求 1+2!+3!+…+20!的和。

6．求计算式 y=6+66+666+6666+66666 的值。

7．求 Fibonacci 数列的前 40 个数。该数列的特点为：前两个数为 1，从第三个数开始，该数是其前两个数之和。即

$$\begin{cases} F_1 = 1 & (n = 1) \\ F_2 = 1 & (n = 2) \\ F_n = F_{n-1} + F_{n-2} & (n \geqslant 3) \end{cases}$$

8．以下程序的功能是实现从键盘输入一组字符，统计出大写字母的个数 m 和小写字母的个数 n，并输出 m、n 中的较大者。下列程序中有错，请调试修改正确。

```
main ()
{
    int m,n;
    char c;
    while((c=getchar())!='\n');
    {
        if(c>='A'&&c<='Z')m++;
        if(c>= 'a'&& c<='z')n++;
    }
    printf("%d\n",m<n?m: n);
}
```

9．以下程序的功能是从键盘输入一串数字，然后以相反的顺序将它们输出，如输入 1234，输出 4321，请填空。

```
main()
{
    int number,right;
    printf("enter you number:\n");
    scanf("%d",&number);
    do
    {
        right=____①____;
        printf("%d", right );
        number=____②____;
    }
    while (number!=0);
    printf("\n");
}
```

实验七　循环结构程序设计（二）

一、实验目的

1．掌握循环嵌套的用法。

2．掌握 break 语句和 continue 语句的用法。

二、实验指导

1．循环嵌套的定义

在一个循环语句的循环体内又包含一个循环语句，这称为循环嵌套，循环可以有多层嵌套，但不建议嵌套层数太多。

例如：main()

```
{
    int i,j,k;
    printf("\ti\tj\tk\n");
    for(i=0;i<2;i++)
        for(j=0;j<2;j++)
            for(k=0;k<2;k++)
                printf("\t%d\t%d\t%d\n",i,j,k);
}
```

输出结果为：

```
i    j    k
0    0    0
0    0    1
0    1    0
0    1    1
1    0    0
1    0    1
1    1    0
1    1    1
```

2．程序举例

【例 7.1】判断 m 是否是素数。

```
#include <math.h>
#include <stdio.h>
void main()
{
    int m,i,k;
    scanf("%d",&m);
```

```
    k=sqrt(m+1);
    for(i=2;i<=k;i++)
      if (m%i= =0)
           break;
      if(i>=k+1)
         printf("%d is a prime number\n",m);
      else
         printf("%d is not a prime number\n",m);
}
```

【例 7.2】一个数如果恰好等于它的因子之和，就称这个数为完数，例如：6=1+2+3。求100 以内的所有完数。

```
#include <stdio.h>
void main()
{
    int n,s,j;
    for(n=1;n<=100;n++)
    {
         s=0;
         for(j=1;j<n;j++)
           if(n%j= =0)
                s=s+j;
           if(s= =n)
              printf("%d",s);
    }
}
```

【例 7.3】打印下列图案：

```
   *
  ***
 *****
*******
```

```
#include <stdio.h>
void main()
{
    int i,j;
    for(i=1; i<=4;i++)
    {
         for(j=1;j<= 4-i;j++)
              printf(" ");
         for(j=1;j<=2*i-1;j++)
              printf("*");
         printf("\n");
    }
}
```

三、实验内容

编写程序：

1．打印九九乘法表。

2．打印以下图案。

```
   *
  ***
 *****
*******
 *****
  ***
   *
```

3．输出 2 到 200 间的所有素数，要求每行输出 5 个数据。

4．输入两个正整数 m 和 n，求其最大公约数和最小公倍数。

【选做】

1．某歌唱比赛有 n 名选手，有 m 个评委评分，输入每个评委给的分数，输出选手的最终得分（选手得分为去掉评分的最高分和最低分后的平均分）。

2．猜数游戏。输入一个数，玩游戏者来猜，可提示此数是太大、太小或猜中，没有猜中可重新猜测，但最多有三次机会。（提示：在程序中设置一个整数，此数即是玩游戏者要猜的数。）

3．分班级输入各学生成绩，功能如下：

（1）从键盘输入班级编号，输入学生个数。

（2）根据提示输入该班每个学生的成绩。

（3）输完成绩自动计算最高分、最低分、及格人数、不及格人数。

（4）输入完成后，系统提示“是否输入下个班级（y/n）？”。

（5）如果选择“y”，重复上面的工作；如果选择“n”，退出。

4．求 Sn=a+aa+aaa+…+aa…a 的值，其中 a 是一个数字。例如：2+22+222+2222+22222（此时 n=5），n 由键盘输入。

四、思考题

1．百钱买百鸡问题。公鸡每只 5 元，母鸡每只 3 元，小鸡 3 只一元，问一百元买一百只鸡有几种解法。

提示：设 x、y、z 为三种鸡的只数，按题目写出代数方程为：

x+y+z=100

5x+3y+z/3=100

用穷举法列举出 x、y、z 的值。

2．输入 n 的值（0<n<10），输出一个数字金字塔，如输入 4，则输出：

```
   1
  222
 33333
4444444
```

实验八 数组（一）

一、实验目的

1．掌握一维数组的定义、赋值和输入/输出的方法。
2．掌握与数组有关的算法（特别是排序算法）。

二、实验指导

1．一维数组的使用

（1）定义。

定义形式：

类型名 数组名[常量表达式],…;

例如：int a[10];

其中，“常量表达式”必须是整数或符号常量组成的表达式，不能有变量。

例如：int n=5;

```
int a[n];        /*这种定义方式错误，因为n是变量而不是常量*/
```

又如：#define N 5

```
int a[N];        /*这种定义方式正确，因为N是符号常量*/
```

（2）初始化。定义数组的同时为其元素赋初值。

例如：int a[10]={10,11,12,13,14,15,16,17,18,19};

注意：

（1）值类型应与所说明的类型一致。

（2）第1个数值必须给a[0]，需依次给各元素赋值，不能跳过前面的元素给后面的元素赋初值。

（3）初值个数少于元素个数时，后面的自动补“0”，例如：

int a[5]={0};   ⇔   int a[5]={0,0,0,0,0};
char b[4]={ 'a'};   ⇔   char b[4]={'a','\0','\0','\0'};

（4）初值个数多于元素个数时，编译系统报错。

（5）可通过赋初值定义数组大小，例如：

int a[ ]={0,0,0,0,0};   ⇔   int a[5]={0};

（3）引用。

引用形式：

数组名[下标表达式]

例如：若已定义double x[12];，则x[0]、x [j]、x[i+k]当0≤j≤11，0≤i+k≤11时是合法的数组元素引用。

注意：

（1）下标表达式的值必须是正整数。

（2）下标表达式的值的下限为0。

（3）数组不能整体引用，数组名是个地址常量，代表整个数组的首地址。

（4）下标的值超过数组定义的长度，编译系统不会报错，但引用的值不正确。

如：
```
int a[10],i,b;
i=10;
b=a[i]      /*i 的值为 10，已超出数组定义的下标上界 9，编译时不会报错，但引用的值不正确*/
```

2. 程序举例

【例 8.1】在键盘上输入 N 个整数，试编程使该数组中的数按照从大到小的次序排列。

程序分析：C 语言中数组长度必须是确定的，即指定 N 的值。排序的方法有多种，取其中两种作为参考。

方法一：起泡排序。从第一个数开始依次对相邻两数进行比较，如次序正确则不做任何操作；如次序不正确则使这两个数交换位置。第一遍比较后，最大的数已放在最后，第二遍只需考虑 N-1 个数，以此类推，直到第 N-1 遍比较后就可以完成排序。

源程序如下：

```
#define N 10
#include<stdio.h>
void main()
{
    int a[N],i,j,temp;
    printf("Please input %d numbers\n",N);
    for(i=0;i<N;i++)
        scanf("%d",&a[i]);
    for(i=0;i<N-1;i++)
        for(j=0;j<N-1-i;j++)
            if(a[j]>a[j+1])
              {temp=a[j];a[j]=a[j+1];a[j+1]=temp;}
    printf("The array after sort:\n");
    for(i=0;i<N;i++)
        printf("%5d",a[i]);
}
```

方法二：选择排序。首先找出值最小的数，然后把这个数与第一个数交换，这样值最小的数就放到了第一个位置；然后，再从剩下的数中找值最小的数，把它和第二个数互换，使得第二小的数放在第二个位置上。以此类推，直到所有的值按从小到大的顺序排列为止。

源程序如下：

```
#include<stdio.h>
#define N 10
void main()
{
    int a[N],i,j,r,temp;
    printf("Please input %d numbers\n",N);
    for(i=0;i<N;i++)
      scanf("%d",&a[i]);
    for(i=0;i<N-1;i++)
```

```
        {
            r=i;
            for(j=i+1;j<N;j++)
                if(a[j]<a[r])
                    r=j;
            if(r!=i)
                {temp=a[r];a[r]=a[i];a[i]=temp;}
        }
        printf("The array after sort:\n");
        for(i=0;i<N;i++)
          printf("%5d",a[i]);
        printf("\n");
    }
```

【例 8.2】输入一串字符，统计其中空格的个数。

```
    #include <stdio.h>
    void main( )
    {   char c[30];
        int i,sum=0;
        gets(c);
        for(i=0;i<strlen(c);i++)
            if(c[i]==' ')
                sum=sum+1;
        printf("空格数为：%d \ n",sum);
    }
```

三、实验内容

编写程序：

1．输入 10 个数并存储到数组，逆序输出。

实现思路：

（1）向数组中存入数据。

（2）逆序输出数组中的元素。

2．统计一个班级在期中考试中英语的平均成绩、最高分和最低分。

实现思路：

（1）将考试成绩存入数组。

（2）做循环统计总成绩，在循环过程中统计最高分、最低分。

（3）循环结束后，计算平均分。

3．用冒泡排序法将数组中的数据排序。

【选做】

1．有一个已经排好序的数组。现输入一个数，要求按原来的规律将它插入数组中。

2．以下程序段运行后将输出 computer，请填空。

```
    main()
    {
        int i,j=0;
```

```
        char c[]="It's a computer";
        for(i=0;____①____;i++)
            {____②____;
            printf("%c",c[j]);
            }
    }
```

3．以下程序的功能是求数组 num 中小于零的数据之和，程序中存在错误，请上机调试并改正。

```
main()
{
    int num[20];
    int sum,i;
    for(i=0;i<=19;i++)
        scanf("%d",&num[i]);
    for(i=0;i<=19;i++);
        if(num[i]<0) sum+=num[i];
    printf("sum=%6d",sum);
}
```

四、思考题

1．从键盘输入一个字符串 a，并在字符串 a 中的最大元素后面插入字符串 b。

2．打印出以下的杨辉三角形（要求打印出 10 行）。

```
        1
       1 1
      1 2 1
     1 3 3 1
    1 4 6 4 1
  1 5 10 10 5 1
…… …… ……
```

实验九 数组（二）

一、实验目的

1．掌握二维数组的定义、赋值和输入/输出的方法。
2．掌握字符数组的使用方法。
3．理解常用字符串函数的用法。

二、实验指导

1. 二维数组

（1）定义。

定义形式：

类型名 数组名[常量表达式][常量表达式]

例如：int a[10][10];

其中，“常量表达式”必须是整数或符号常量组成的表达式，不能有变量。

例如：
```
int n=5;
int a[n][3];        /*这种定义方式错误，因为n是变量而不是常量*/
```
又如：
```
#define N 5
int a[N][N];        /*这种定义方式正确，因为N是符号常量*/
```
（2）初始化。定义数组的同时为其元素赋初值。

例如：
```
int a[2][5]={10,11,12,13,14,15,16,17,18,19};
int a[2][5]={{10,11,12,13,14},{15,16,17,18,19}};
int a[][5]={{10,11,12,13,14},{15,16,17,18,19}};
int a[2][5]={{10},{15}};
```
（3）引用。

引用形式：

数组名[下标表达式] [下标表达式]

2. 字符数组

（1）字符串与字符数组。字符串存放在字符数组中，末尾以'\0'结束（由系统自动加上）。而字符数组不要求最后存储字符是什么，可以不是'\0'。

（2）字符数组的初始化。

1）用给一般数组赋初值的方式给一维字符数组赋初值，如：
```
char str[10]={'s','t','u','d','e',' n','t','\0'};
```
2）在赋初值时，直接赋字符串常量，如：
```
char str[10]={"student"};          //系统自动在其后加'\0'
char str[10]="student";
```
不报错语句：
```
char str[7]="student";          //将破坏其他数据或程序代码
```

合法语句：
```
char str[]="student";                //被分配 8 个存储单元
```
（3）字符数组的输入、输出。

1）逐个字符输入和输出。

例如：
```
char str[11];int i;
for(i=0;i<10;i++)
    str[i]=getchar();                //调用 getchar()输入字符数组
    str[10]='\0';                    //输入 10 个字符，人为地加结束标志
i=0;
while(str[i]!='\0')
{putchar(str[i]);i++;}               //调用 putchar()输出字符串
putchar('\n');
```
2）用格式说明符“%s”进行整串输入和输出。

输入：
```
char str1[10],str2[10];
scanf("%s%s",str1,str2);
```
输入列表中是数组名，数组名前不能有&符号，因为数组名本身就是地址，若键入 try again<回车>，try 存入数组 str1，again 存入数组 str2（空格和回车符是分隔符，不能被输入）。

输出：
```
printf("%s",str_adr);
```
将从指定地址输出一个串，遇到'\0'结束（'\0'不输出），输出结束不换行。

例如：
```
char str[]="first\0second\0end";
printf("%s",str);              //输出 first
printf("%s",&str[6]);          //输出 second
```

三、实验内容

编写程序：

1．将存储在二维数组中数据按行和列输出。

2．求一个 5×5 矩阵对角线元素之和。

3．将二维数组中的行元素和列元素交换，并存储到另一个二维数组中。

4．用二维数组存储 4 名同学的 5 门课程，求每个同学的平均成绩。

【选做】

输入 5 个国家或地区的名称（英文），按字母排序后输出。（提示：使用字符二维数组、冒泡排序和 strcpy()函数。）

实验十 函数（一）

一、实验目的

1．掌握定义函数、调用函数与声明函数的方法。

2．掌握函数实参与形参的对应关系，以及值传递和地址传递的方式。

二、实验指导

1. 内容提要

（1）函数定义。

定义形式：

无参函数定义：

```
函数类型 函数名()
{
    声明部分;
    语句;
}
```

有参函数定义：

```
函数类型 函数名(形参表)
{
    声明部分;
    语句;
}
```

空函数定义：

```
函数类型 函数名()
{
}
```

（2）函数的形式参数。在定义时，函数名后括号中的参数叫“形式参数”。在主调函数中调用一个函数时，函数名后括号中的参数叫“实际参数”。

（3）函数返回值。通过 return 语句返回函数值，用法：

return z;或 return(z);

（4）函数调用的一般形式。

1）函数语句。如：printstar();，无返回值，仅完成一定功能。

2）函数表达式。如：m=4+min(a,b);，函数在表达式中出现。

3）函数参数。如：m=max(a,min(c,d));，用函数返回值作参数。

（5）函数的声明。如果一个函数调用另一个函数，而这个被调用的函数在主调函数后面才定义，则在主调函数中或之前就须对被调函数先作声明。声明形式为：

函数类型 函数名(参数类型表);

例如：float add (float,double);

当然还可以加上参数，如：float add(int m,int n);。

2. 实验注意要点

（1）所调用的函数在调用语句之后才定义，而又在调用前未加声明。如：

```
main()
{
    float x，y，z;
    x＝3.5;   y=7.6;
```

```
        z=max(x，y);
        printf("%d"，z);
    }
    float max(float x，float y)
    {    return(z=x>y? x:y);}
```

这个程序初看起来没有什么问题，但在编译时有出错信息。原因是 max 函数在 main 函数之后才定义，也就是 max 函数的定义位置在 main 函数中调用 max 函数之后。改错的方法可以用以下二者之一：一是，在 main 函数中增加一个对 max 函数的声明，即函数的原型；二是，将 max 函数的定义位置调到 main 函数之前。

（2）误认为形参值的改变会影响实参的值，注意值为“单向传递”。如：

```
main()
{
    int a,b;
    a=3;b=4;
    swap(a,b);
    printf("%d,%d\n",a,b);
}
swap(int x,int y)
{
    int t;
    t=x;x=y;y=t;
}
```

程序原意是通过调用 swap 函数使 a 和 b 的值交换，然后在 main 函数中输出已交换了值的 a 和 b。但是这样是达不到目的的，因为 x 和 y 的值的变化是不传送回实参 a 和 b 的，main 函数中的 a 和 b 的值并未改变。

（3）函数的实参和形参类型不一致。如：

```
main()
{
    int a=3,b=4;
    c=fun(a,b);
    …
}
float fun(float x,float y)
{
    …
}
```

程序中，实参 a、b 为整型，形参 x、y 为实型。a 和 b 的值传递给 x 和 y 时，x 和 y 的值并非 3 和 4，因为 C 语言要求实参与形参的类型一致。

（4）函数的原型声明和函数的定义不一致。如：

```
int fun(int,int);     /*声明错误*/
main()
{
    int a=3,b=4;
    float c;
```

```
    c=fun(a,b);
    …
}
fun(float x，float y)
{
    …
}
```

在声明中可能出现返回类型、形参类型不一致，还可能出现形参的个数不一致。为了避免这种情况，在对函数进行声明时，声明语句与定义时的函数头应一致。

（5）局部变量当全局变量使用，即在一个函数内部定义的变量，试图在函数调用结束后能通过局部变量返回一个值。

（6）在函数的递归调用中一定要有一个出口，如求阶乘的递归函数：

```
float fac(int n)
{
    float   f ;
    if (n= =0||n= =1)     f=1 ;       /*出口语句*/
    else   f=fac(n-1)*n ;
    return(f) ;
}
```

在这里，语句 if(n==0||n==1) f=1;一定不能缺少，否则程序成为死循环。

3. *程序举例*

【例 10.1】写一个判断素数的函数，在主函数中输入一个整数，输出是否是素数的信息。

```
#include <stdio.h>
void main()
{
    int number;
    printf("请输入一个正整数：\n");
    scanf("%d",&number);
    if (prime(number))
        printf("\n %d 是素数. ",number);
    else
        printf("\n %d 不是素数. ",number);
}
int prime(int num)       /*此函数用于判别素数*/
{
    int flag=1,n;
    for(n=2;n<num/2&&flag==1;n++)
        if (num%n==0)
            flag=0;
    return(flag);
}
```

【例 10.2】写一函数，将给定的二维数组（4×4）转置，即行列互换。

```
#define N 4
#include <stdio.h>
void convert(int array[][])
```

```
{
    int i,j,t;
    for (i=0;i<N;i++)
      for (j=i+1;j<N;j++)
      {
        t=array[i][j];
        array[i][j]=array[j][i];
        array[j][i]=t;
      }
}
void main()
{
    int i,j;
    int array[N][N];
    printf("输入数组元素：\n");
    for (i=0;i<N;i++)
      for(j=0;j<N;j++)
        scanf("%d",&array[i][j]);
    printf("\n 数组是：\n");
    for (i=0;i<N;i++)
    {
      for (j=0;j<N;j++)
        printf("%5d",array[i][j]);
      printf("\n");
    }
    conver(array);
    printf("转置数组是：\n");
    for(i=0;i<N;i++)
    {
      for (j=0;j<N;j++)
        printf("%5d",array[i][j]);
      printf("\n");
    }
}
```

三、实验内容

编写程序：

1．利用无参函数输出如下内容。

```
***************
我们会是好朋友
***************
```

2．从键盘输入一个数，输出该数的 1 次幂、2 次幂、3 次幂、…、10 次幂，以及所有次幂之和。（提示：使用系统函数 pow(n,i)，该函数在 math.h 头文件中。）

3．利用函数调用求三个数据的最大值、最小值和平均值。（提示：使用自定义函数实现。）

4．从键盘输入 5 个数，计算平均值。（提示：使用自定义函数实现。）

【选做】

1．有一青年歌手大奖赛，试编写一个评分程序（n 个评委评分，m 个选手参赛）。

具体实现方法为：编写一个对 n 个数据从大到小排序的函数，再编写一个计算最后得分的函数，计算方法是去除一个最高分和一个最低分，其余分散的平均分为参赛选手的最后得分。并在主函数中调用它们对有 n 个评委评分、m 个选手参赛的最后得分从大到小排序输出。

2．写一个程序，判别该次某班英语考试中及格人数与不及格人数，并将该班英语成绩输出（及格则输出该值，若不及格则输出 0）。

3．上机调试下面的程序，记录系统给出的出错信息，并指出出错原因。

```
main()
{
    int x,y;
    printf("%d\n",sum(x+y));
    int sum(a,b);
    {
      int a,b;
      return(a+b);
    }
}
```

四、思考题

a 是一个 2×4 的整型数组，且各元素均已赋值。用函数 max_value 可求出其中的最大元素值 max，并将此值返回主调函数。今有函数调用语句 max=max_value(a);，请编写 max_value() 函数和 main()函数，用 main()函数调用 max_value()函数并输出结果。

实验十一　函数（二）

一、实验目的

1．掌握函数的嵌套调用和递归调用的方法。

2．理解全局变量、局部变量、动态变量、静态变量的概念和使用方法。

3．了解对多文件程序的编译和运行。

二、实验指导

（1）局部变量和全局变量。在一个函数内部定义的变量叫局部变量，其只在函数内部有效；在函数之外定义的变量叫全局变量，有效范围是从定义变量的位置到本文件结束。

（2）变量的存储类别。

1）auto 变量：函数中的局部变量，动态分配其存储空间。

2）static 变量：开辟的存储单元，在定义该变量的函数体外，值仍然存在。

3）register 变量：将变量放在寄存器中，以提高程序效率，但只有局部自动变量和形式参数可以作为寄存器变量。

4）extern 变量：一个函数在定义一个外部变量之前要引用它，则必须加上 extern 的声明。同时在多文件中用到同一个全局变量时也须在其中一个文件中定义，而在其他文件中用 extern 进行声明。

（3）内部函数和外部函数。如果一个函数只能被本文件其他函数调用，称内部函数，需在前面加上 static，如：static int fun(int a,int b);。而如果在另一个文件中要调用，需在前面加上 extern，当然也可省略 extern，如：(extern) int fun(int a,int b)。

（4）运行多文件程序。在 Turbo C 下，将几个文件顺序写到一个 project 文件中，而后进行编译、连接、运行。

三、实验内容

编写程序：

1．求 n!（利用函数的递归调用实现）。

2．输入 4 个整数，找出其中最大数（利用函数嵌套调用来实现）。

3．五个人坐在一起论年龄，问第五个人多少岁？他说他比第四个人大两岁，第四个人说他比第三个人大两岁，第三个说比第二个人大两岁，第二个人说比第一个人大两岁，第一个人说 10 岁。请问第五个人几岁？

【选做】

1．已有变量定义和函数语句 int a=1,b=-5,c;c=fun(a,b);，fun 函数的作用是计算两个数之差的绝对值，并将差值返回给调用函数，请编写 fun 函数并调试。

2．编写一个字符串复制函数 strcpy()，并调试运行。

程序分析：一个字符串是以'\0'结束的，那么就可以以'\0'作为结束循环的标志来解决。

四、思考题

编写函数 del_char，函数原型为 void del_char(char a[],char ch)，函数的功能是删除 a 数组中值为 ch 的字符。例如，从字符串 DDdidS 中删除 d 后，字符串为 DDiS。从主函数中输入字符串，指定要删除的字符，并输出结果。

实验十二　指针（一）

一、实验目的

1．掌握指针的概念，会定义和使用指针变量。

2．学会使用数组的指针和指向数组的指针变量。

二、实验指导

1．内容提要

（1）指针的定义。一般形式为：

基类型　*指针变量名

例如：int *p,*q;定义了两个指向整型数据的指针 p 和 q。

（2）指针类型小结。

1）int *p[n]为指针数组，其中有 n 个指针均指向整数。

2）int (*p)[n]为数组指针，p 为指向含 n 个元素的一维数组的指针变量。

3）int *p()为指针函数，p 为返回一个指针的函数，该指针指向整型数据。

4）int (*p)()为函数指针，该函数返回一个指向整型值的指针。

5）int **p 为二重指针，p 是一个指针变量，而它又指向一个指向整型数据的指针变量。

（3）指针运算小结。

1）指针变量加减一个整数，如 p+i（p 为一个指针,下同）表示 p+c*i，其中 c 为 p 指向的数据类型所占的字节数。

2）指针变量赋值语句如下：

```
p=&a          //将变量 a 的地址赋给 p;
p=array       //将数组 array 的首地址赋给 p;
p=&array[i]   //将数组 array 的第 i 个元素的地址赋给 p;
p=max         // max 为已定义的函数，将 max 的入口地址赋给 p;
p1=p2         //p1、p2 都是指针变量，将 p2 的值赋给 p1;
```

3）指针变量可以定义为一个空值，即不指向任何变量，如 p=NULL;（NULL 为 0）。

4）两个指针变量相减：p2-p1，其中 p1、p2 是指向同一个数组的元素，表示两个指针之间的元素个数。

5）两个指针变量的比较：若两个指针变量指向同一个数组的元素，则可进行地址之间的比较，否则无实际意义。

2．实验注意要点

（1）不要试图将一个整数赋给一个指针变量，如 p=2020 是错误的，同样也不可将一个指针 p 的值（地址）赋给一个整型数据，如 i=p 也是错误的。

（2）在*、++、--同时出现的表达式中，注意使用括号，否则常出现错误。如*p++，所表达的意思就容易理解错误，而(*p)++就比较清楚。

（3）不要定义一个指针后直接对其赋值，因为定义指针后，其指向的是一个不确定的地址，而对其进行赋值可能破坏系统的正常工作。如：int *temp;*temp=3;，这种情况是绝不允许的。

（4）不能企图通过改变指针形参的值而使指针实参的值改变。即指针变量作函数参数也要遵循函数中实参变量和形参变量之间的数据传递方式（单向的“值传递”）。

（5）二维数组名（如 a）是指向行的，因此 a+1 中的“1”代表一行中全部元素所占的字节数，而一维数组名（如 a[0]、a[1]）是指向元素的，a[0]+1 中的“1”代表一个元素所占的字节数。

3. 程序举例

【例 12.1】输入 3 个数 a、b、c，按从大到小的顺序输出。

```
main()
{
    int n1,n2,n3;
    int *pointer1,*pointer2,*pointer3;
    printf("please input 3 number:n1,n2,n3:");
    scanf("%d,%d,%d",&n1,&n2,&n3);
    pointer1=&n1;
    pointer2=&n2;
    pointer3=&n3;
    if(n1>n2) swap(pointer1,pointer2);
    if(n1>n3) swap(pointer1,pointer3);
    if(n2>n3) swap(pointer2,pointer3);
    printf("the sorted numbers are:%d,%d,%d\n",n1,n2,n3);
}
swap(int *p1,int *p2)
{
    int p;
    p=*p1;*p1=*p2;*p2=p;
}
```

三、实验内容

编写程序：

1．输出两个数中的较大数。

2．在一维数组中找出值最大的元素，并将其值与第 1 个元素的值对调，最小的元素与最后 1 个元素交换，输出数组。

【选做】

1．从键盘输入 5 个数，先顺序输出，再逆序输出。

2．查找数组中某个元素所在的位置。

3．现有两个已按升序排列的数列，数列 a：1 7 9 11 13 15 17 19 和数列 b：2 4 6 8 10，现将这两个数列合并插入到 c 数列中，插入后的 c 数列仍按升序排列，使用指针实现。

四、思考题

1．编写一个使用指针的函数，交换数组 a 和数组 b 中的对应元素。在主函数中输入和输出数组。

2．下面的程序可以实现从 10 个数中找出最大数和最小值，请填空完成并上机调试。

```
# include <stdio.h>
int max,min;
find(int *p, int n)
{
    int *q;
    max=min=*p;
    for(q=____①____; ____②____;q++)
        if(____③____) max=*q;
        else    if (____④____) min=*q;
}
main ()
{
    int i,num[l0];
    printf("Input 10 numbers:\n");
    for(i=0;i<l0;i++)
        scanf("%d",&num[i]);
    find(num, 10);
    printf("max=%d,min=%d\n,max,min);
}
```

实验十三 指针（二）

一、实验目的

学会使用指针访问字符串。

二、实验内容

编写程序：

将 4 个字符串"China"、"America"、"Japan"、"French"按逆字母顺序（由后向前）输出。

【选做】

1．编写程序使指针变量 a 指向"Turbo C"，输出字符串的首字符和整个字符串，用指针变量 p 输出字符串的第 4 个字符，并输出 a 和 p 的地址。

2．编程实现：使用字符指针数组存放本班级 5 名同学的姓名，并将姓名输出。

三、思考题

1．利用指针完成字符串 s1 和 s2 的连接，将 s2 串连接到 s1 串的后面（要求：不能使用 strlen()函数）。

2．利用指针运算删除字符串 s 中第 m 个字符。

3．请尝试用指针方法编程实现彩票兑奖程序。彩票由七位数字组成，第七位数字是特别号码，只有在前面六位数都正确的时候才核对第七位数。现在体彩中心给出了一个特等奖号码是 1234567，程序要求对任意输入的一个号码判断其中了几等奖。如果七位数字都相同就是特等奖；前六位相同为一等奖，任连续五位相同为二等奖，任连续四位相同为三等奖，任连续三位相同为四等奖，任连续两位相同为五等奖（注意：除特等奖外都不考虑第七位）。以下有两种兑奖方式，分别各写出一个程序：

（1）按位兑奖：也就是说第一位只能和第一位比较，第二位和第二位比较…第 n 位和第 n 位比较。比如说给出的号码是 2312345，就没有中奖（因为按位对没有数字相同）。

（2）不按位兑奖：也就是说不管是多少位，只要有连续几位相同都可以。如给出的号码是 2312345，就中了三等奖（因为 1234 和前面相同。注意，这里的第七位是 5，虽然也相同但是不能算入）。

实验十四　结构体与链表

一、实验目的

1. 掌握结构体类型变量的定义和使用方法。
2. 掌握结构体类型数组的概念和使用方法。
3. 掌握链表的概念，初步学会对链表进行操作。

二、实验指导

1. 内容提要

（1）结构体的声明。一般形式为：

```
struct　结构体名
{　成员表列　};
```

（2）结构体变量的定义。先声明结构体，后定义变量，如：struct student stu1,stu2;。在声明结构体的同时定义变量，如：struct 结构体名{成员表列}变量名表列;。

直接定义结构类型变量，如：struct {成员表列}变量名表列;。

（3）结构体变量的引用。一般形式为：

结构体变量名.成员名

如：stu1.num=50;。

（4）指向结构体类型数据的指针的引用。如定义 struct student *p，则引用方式为：

(*p).成员名或 p→成员名

2. 实验注意要点

（1）混淆结构体类型与结构体变量，对一个结构体类型赋值。如：

```
struct worker
{
    long int num;
    char name[20];
    char sex;
    int age;
};
worker.num＝187045;
strcpy(worker.Name,"dengwb");
worker.Sex＝'M';
worker.Age＝l8;
```

这是错误的，只能对变量赋值而不能对类型赋值。上面只定义了 struct worker 类型而未定义变量。

（2）结构体变量定义完成后，不要忽略了最后的分号，如：

```
struct student
{
```

```
    int num;
    char sex;
    int age;
}
```

就是错误的，}后少了分号。

（3）不要把结构体作为一个整体进行输入或输出，如输出定义的结构体：printf("%d,%c,%d\n",student);，这样的操作是错误的，C 语言只能对其中的成员进行输入或输出，而不能对其整体进行。当然，C 语言允许两个同类型的结构体变量之间相互赋值。在执行 stu2=stu1;时，将 stu1 变量中的成员逐个依次赋给 stu2 中相应的成员。

（4）当 p 是指向一个结构体变量的指针时，*p.num 是错误的，应该写成(*p).num，因为.的优先级大于*。

（5）在用结构体指针处理链表时，头指针一定不能掉。

（6）在进行链表的动态处理时，当定义了一个指针变量后，一定要用 malloc()或 calloc()函数分配存储空间，否则将产生致命的错误。如下面的程序段：

```
struct student *p1;
scanf("%ld,%f ",&p1->num,&p1->score);
```

就是严重错误的，因为 p1 指针是悬空的。应该改为：

```
struct student *p1;
p1=(struct student *)malloc(sizeof(struct student));    /*分配空间*/
scanf("%ld,%f",&p1->num,&p1->score);
```

（7）要用 NULL 代表空时，一定要定义#define NULL 0;，否则将产生错误。

（8）在枚举类型中，每个枚举元素都代表一个整数，C 语言编译系统按定义时的顺序默认它们的值为 0，1，2……

3. 程序举例

【例 14.1】给结构体变量赋值并输出其值。

```
#include <stdio.h>
void main( )
{
    struct stu
    {   int num;
        char *name;
        char sex;
        float score;
    } boy1,boy2;
    boy1.num=102;
    boy1.name="Zhang ping";
    printf("Input sex and score:\n");
    scanf("%c %f",&boy1.sex,&boy1.score);
    boy2=boy1;
    printf("Number=%d\nName=%s\n",boy2.num,boy2.name);
    printf("Sex=%c\nScore=%f\n",boy2.sex,boy2.score);
}
```

本程序中用赋值语句给 num 和 name 两个成员赋值，name 是一个字符串指针变量。先用 scanf 函数动态地输入 sex 和 score 成员值，然后把 boy1 的所有成员的值整体赋予 boy2，最后分别输出 boy2 各个成员的值。本例演示了结构体变量的赋值、输入和输出的方法。

三、实验内容

编写程序：

1. 利用结构体存储学生的信息，并计算学生的平均成绩和不及格的人数。

程序分析：定义一个外部结构数组 boy，共 5 个元素，并作初始化赋值。在 main 函数中用 for 语句逐个累加各元素的 score 成员值，并存于 s 之中，如 score 的值小于 60（不及格）即计数器 C 加 1，循环完毕后计算平均成绩，并输出全班总分、平均分及不及格人数。

【选做】

1. 编程实现：建立一个链表，每个结点包括姓名、学号、年龄、性别。输入一个学号，如果链表中的结点所包含的学号小于此学号，则将此结点删去。

2. 编程实现：建立一张 20 人的人员记录表，其中包括姓名、年龄、性别、职业及住址。

3. 程序填空并调试：有 5 名学生，每个学生的数据信息包括学号、姓名和一门课的成绩。要求按学生的成绩由高到低排序，然后输出学生的信息以及平均成绩。

```
#include <stdio.h>
struct student {int num;char name[20];int score;}stu[5];
main()
{
    struct student *pt,*p[5];
    int i, j, k, sum=0;
    for(i=0;i<5;i++)
    {
        scanf("%d%s%d", &stu[i].num, stu[i].name, &stu[i].score);
        p[i]=&stu[i];
        sum=sum+____①____;
    }
    for(i=0;i<5;i++)
    {
        k=i;
        for(j=i;j<=5;j++)
            if(____②____) k=j;
        if(k!=i) { pt=p[i];    p[i]=p[k]; p[k]=pt;}
    }
    for(i=0;i<5;i++)
        printf("%d, %s, %d", ____③____);
    printf("Average=%d\n", ____④____);
}
```

4. 从键盘输入 5 名学生的姓名和成绩。输入要查询的学生姓名，如果有该名学生，显示该名学生姓名和成绩；如果不存在，则显示“该学生不存在”。

四、思考题

编程实现约瑟夫问题：有 n 个小孩转成一圈，从 1 开始依次为他们编号。要求从第 w 个小孩开始报数，报到第 s 的小孩出列，然后从下一个继续报数，同样报到第 s 的小孩出列，重复下去，直到所有的小孩都出列，求小孩的出列顺序（以小孩的编号给出）。

实验十五　读 写 文 件

一、实验目的

1．掌握 C 语言文件处理的基本概念及文件打开、关闭操作。

2．掌握各种文件读写函数的使用方法。

3．通过编程熟悉函数 fopen()、fclose()、fprintf()、fscanf()、fread()、fwrite()的使用，理解函数 fseek()、rewind()的原理。

二、实验内容

（1）输入程序，观察输出结果，并对输出结果作出合理的解释。

1）
```
/* test_1.c */
#include <stdio.h>
void main()
{
    FILE *fp;
    int k, n, a[6] = {1, 2, 3, 4, 5, 6};
    fp = fopen("f1.txtt", "w");
    fprintf(fp, "%d%d%d\n", a[0], a[1], a[2]);
    fprintf(fp, "%d%d%d\n",a[3], a[4], a[5]);
    fclose(fp);
    fp = fopen("f1.txt", "r");
    fscanf(fp, "%d%d", &k, &n);
    printf("%d %d\n", k, n);
    fclose(fp);
}
```

2）
```
/* test_2.c */
#include <stdio.h>
void main()
{
    FILE *fp;
    int i, k , n;
    fp = fopen("f2.txt", "w+");
    for(i = 1; i < 7; i++)
    {
        fprintf(fp, "%d", i);
        if(i % 3 == 0) fprintf(fp, "\n");
    }
    rewind(fp);
    fscanf(fp, "%d%d", &k, &n);
```

```
    printf("%d %d", k, n);
    fclose(fp);
}
```

3）/*test_3.c */

```
#include <stdio.h>
void main()
{
    FILE *fp;
    int i, a[6] = {1, 2, 3, 4, 5, 6};
    fp = fopen("f3.txt", "wb+");
    fwrite(a, sizeof(int), 6, fp);
    fseek(fp, 2 * sizeof(int), SEEK_SET);
    fread(a, sizeof(int), 4, fp);
    fclose(fp);
    for( i = 0; i < 6; i++)
    printf("%d", a[i]);
}
```

4）/*test_4.c */

```
#include <stdio.h>
void main()
{
    FILE *fp;
    int i, k, n;
    char *s1 = "Progamming";
    char *s2 = "test";
    fp = fopen("f4.txt", "wb");
    fwrite(s1, sizeof(char), 10, fp);
    fseek(fp, 1 * sizeof(char), SEEK_SET);
    fwrite(s2, sizeof(char), 4, fp);
    fclose(fp);
}
```

（2）从键盘上输入多个字符（以*结束），将大写字母转换成小写字母后，保存到 file.txt 文件，同时输出到显示器上。

附录　习题参考答案

第一单元　C语言概述、数据类型、运算符和表达式

一、填空题

1．32，9
2．main
3．关键字
4．32
5．由字母数字下划线组成，且不能以数字开头
6．/*，*/
7．#define 符号常量名称 值
8．unsigned int，double，char
9．a/b/c
10．4
11．2.500000
12．3
13．4，10，6
14．3，3
15．1
16．4.000000
17．28
18．8，2，3
19．111，16
20．4，7，2

二、选择题

1．A	2．C	3．D	4．C	5．B	6．C	7．B	8．C	9．D	10．A
11．C	12．A	13．B	14．D	15．C	16．C	17．C	18．A	19．B	20．A
21．B	22．D	23．A	24．A	25．C	26．A	27．C	28．C	29．B	30．A
31．D	32．D	33．C	34．A	35．C	36．B	37．B	38．D	39．C	40．D
41．A	42．A	43．B	44．C	45．B	46．C	47．C	48．B	49．B	50．D

三、计算表达式的值

1．

（1）24，2，3，4　　（2）9，2，3，4

（3）6，3，5，6　　（4）0，2，2，3

2．

（1）0　（2）1　（3）4　（4）-15　（5）6

四、读程序，写结果

1．a=6,b=6

2．a=7,b=5,c=7

3．68

4．x=4

y=11

5．a b

97 98

6．2.000000

2.500000

五、编程题

1．

```
#include <stdio.h>
main()
{
    printf("*************************\n");
    printf("***    Hello World!     ***\n");
    printf("*************************\n");
}
```

2．

```
#include <stdio.h>
main()
{
    int a,b,c,sum;
    float ave;
    printf("请输入三个整数：");
    scanf("%d%d%d",&a,&b,&c);
    sum=a+b+c;
    ave=sum/3.0;
    printf("sum=%d,ave=%.2f\n",sum,ave);
}
```

3.

```
#include <stdio.h>
main()
{
    float x=1.5,y=2.3,l,s;
    l=(x+y)*2;
    s=x*y;
    printf("周长是：%6.2f,面积是：%6.2f\n",l,s);
}
```

4.

```
#include <stdio.h>
main()
{
    char ch;
    printf("请输入一个大写字母：");
    scanf("%c",&ch);
    ch=ch+32;
    printf("转换后的字母为:%c\n",ch);
}
```

第二单元　选择结构程序设计

一、填空题

1．顺序，选择，循环
2．0
3．1
4．{}
5．1，0
6．1，0，1，错
7．a!=0&&b!=0

二、选择题

1．C　2．C　3．C　4．D　5．D　6．B　7．A　8．B　9．D　10．A
11．B　12．B　13．A　14．D　15．B　16．C　17．A　18．B　19．D　20．B
21．B　22．B　23．C　24．C　25．D　26．A　27．D　28．A　29．C　30．B

三、读程序，写结果

1．10, 4, 3　　2．-1
3．3　　4．6
5．1

四、编程题

1．

```
#include <stdio.h>
main()
{
    float x,y,z,min;
    scanf("%f%f%f",&x,&y,&z);
    min=x;
    if(min>y) min=y;
    if(min>z) min=z;
    printf("min=%f\n",min);
}
```

2．

```
#include <stdio.h>
#include <math.h>
main()
```

```
{
    float x;
    scanf("%f",&x);
    if(x<0)
        printf("input error\n");
    else
        printf("%f\n",sqrt(x));
}
```

3.

```
#include <stdio.h>
main()
{
    float x,y;
    scanf("%f",&x);
    if(x>=0&&x<=8)
        y=x+2*x*x+10;
    else
        y=x-3*x*x*x-9;
    printf("y=%f\n",y);
}
```

4.

```
//if 语句
#include <stdio.h>
main()
{
    float t;
    char ch;
    printf("input score,max as 100:\n");
    scanf("%f",&t);
    if(t>=90) ch='A';
    else if(t>=80) ch='B';
    else if(t>=70) ch='C';
    else if(t>=60) ch='D';
    else ch='E';
    printf("成绩%.1f 的等级为%c\n",t,ch);
}
//switch 语句
#include <stdio.h>
main()
{
    float t;
    char ch;
    printf("input score,max as 100:\n");
    scanf("%f",&t);
    switch((int)(t/10))
    {
```

```
        case 10:
        case 9: ch='A';break;
        case 8: ch='B';break;
        case 7: ch='C';break;
        case 6: ch='D';break;
        case 5: ch='E';
    }
    printf("成绩%.1f 的等级为%c\n",t,ch);
}
```

5.

```
#include <stdio.h>
main()
{
    int a,b,c,t;
    scanf("%d%d%d",&a,&b,&c);
    if(a<b)
    {    t=a;a=b;b=t;}
    if(a<c)
    {    t=a;a=c;c=t;}
    if(b<c)
    {    t=b;b=c;c=t;}
    printf("%d,%d,%d\n",a,b,c);
}
```

6.

```
#include <stdio.h>
main()
{
    float x,y;
    printf("Input Total Price:\n");
    scanf("%f",&x);
    if(x<1600) y=x;
    else if(x<2400) y=x*0.95;
    else if(x<3200) y=x*0.9;
    else if(x<6400) y=x*0.85;
    else y=x*0.8;
    printf("Final Pay=%.2f",y);
}
```

第三单元　循环结构程序设计

一、填空题

1．n%10
2．1
3．c!=’\n’，c>=’0’&&c<=’9’
4．switch，循环
5．2*i+1
6．i==j，k!=i&&k!=j
7．scanf(“%f”,&f)，sum=sum+f
8．i=2;i<=100;i+=2
9．i<=x,x>=1
10．k+=2，j!=k&&j!=i
11．m=n，m>0，m/=10
12．i=1，m+=i
13．i<10，j%3!=0
14．k，k/10，continue

二、选择题

1．B　2．A　3．C　4．D　5．D　6．C　7．D　8．A　9．C　10．D
11．D　12．C　13．C　14．C　15．B　16．C　17．A　18．C　19．C　20．B
21．C　22．A　23．A　24．B　25．B　26．A　27．D　28．A　29．B　30．B
31．C　32．C　33．D　34．D

三、读程序，写结果

1．0918273645
2．6
3．2
4．52
5．24
6．8921
7．x=10
8．0 91 82 73 64 5
9．31
10．0

11．*#*#*#$

12．x=8

13．17

14．2581114

15．i=6,k=4

16．1,-2

四、编程题

1．

```
#include<stdio.h>
main()
{
      int i;
      for(i=100;i<=200;i++)
      if(i%3!=0) printf("%5d",i);
}
```

2．

```
#include<stdio.h>
#include<math.h>
main()
{
      int m,i,k,n=0;
      for(m=101;m<=200;m=m+2)   //偶数除外，故 m+2
      {
            k=sqrt(m);                    //开方
            for(i=2;i<=k;i++)        //在 2 与 k 之间可以被 m 整除，则该数为非素数
            if(m%i==0)break;
            if(i>=k+1)
            {
                  printf("%d",m); //输出该素数
                  n=n+1;
            }
            if(n%n==0)printf("\n");
      }
      printf("\n");
}
```

3．

```
#include<stdio.h>
void main ()
{
      int i,j,k;
      for(i=1;i<=5;i++)
      {
            for(k=1;k<=5-i;k++)
```

```
            printf(" ");
        for(j=1;j<=2*i-1;j++)
            printf("*");
        printf("\n");
    }
    for(i=1;i<=5-1;i++)
    {
        for(k=1;k<=i;k++)
            printf(" ");
        for(j=1;j<=2*(5-i)-1;j++)
            printf("*");
        printf("\n");
    }
}
```

第四单元 数 组

一、填空题

1．0，数据类型
2．'\0'，0
3．按行存放
4．0，4
5．0，6
6．8
7．he
8．strcpy(s2,s1);
9．#include<string．h>
10．for(i=0;i<20;i++) scanf("%f",&a[i]);
pjz/=20;
printf("%f\n",t);
11．&a[i];
i%10==0
12．k=p

二、选择题

1．C 2．D 3．A 4．B 5．C 6．C 7．C 8．D 9．D 10．C
11．D 12．D 13．C 14．D 15．C 16．A 17．A 18．B 19．A 20．B
21．D 22．B 23．A 24．B 25．D 26．B 27．B 28．B 29．B 30．D
31．D 32．C 33．D 34．D 35．B 36．C 37．B 38．D 39．D 40．C
41．D 42．B 43．D 44．C 45．C 46．B 47．D 48．B 49．B 50．D
51．D 52．C 53．B 54．C 55．C 56．A 57．B 58．A 59．B 60．D
61．D 62．B 63．C 64．B 65．D 66．C 67．C 68．B 69．C 70．D
71．C 72．A 73．A 74．C 75．C 76．C 77．B 78．D 79．C 80．A
81．C 82．D 83．A 84．A 85．C 86．B 87．D 88．D 89．A 90．B
91．B 92．A 93．B 94．A 95．C 96．B 97．B 98．D 99．D 100．A

三、读程序，写结果

1．5 4 3 2 1
2．10010
3．-3-4 0 4 4 3

4．21

5．5 7 4 8 9 1

1 5 7 4 8 9

9 1 5 7 4 8

8 9 1 5 7 4

4 8 9 1 5 7

7 4 8 9 1 5

6．4 25 27 16

7．changxin

8．China

5

9．Hello

10．fortran language

11．fortran

12．How does she

13．EnglishGood

14．AQM

15．AzyD

16．9198

17．QuickC

18．1 0 0 0 0

0 1 0 0 0

0 0 1 0 0

0 0 0 1 0

0 0 0 0 1

19．s1=15,s2=45

20．

```
0    1    2
0    1    2
0    1    2
```

21．

```
The original array is:
2    4    6
8    10   12

The result is:
2    8
4    10
6    12
```

22．min=-2,row=2,col=1

四、编程题

1.

```
#include<stdio.h>
#include<math.h>
void main( )
{
    int i,j;
    int a[100];
    for(i=0;i<100;i++)
        a[i]=i+1;
    for(i=1;i<100;i++)
    {
        if(a[i]==0)
            continue;
        for(j=i+1;j<100;j++)
            if(a[j]%a[i]==0)
                a[j]=0;
    }
    for(j=1;j<100;j++) //j 从 1 开始，去除 a[0]（其值为 1），因为 1 既不是质数，也不是合数
        if(a[j]!=0)
            printf("%d,",a[j]);
    printf("\n");
}
```

2.

```
#include<stdio.h>
void main( )
{
    int k[10];
    int i,j,n,s;
    for(j=2;j<1000;j++)
    {
        n=-1;
        s=j;
        for(i=1;i<j;i++)
        {
            if ((j%i)==0)
            {
                n++;
                s=s-i;
                k[n]=i;
            }
        }
        if(s==0)    //说明该数是完数
        {
            printf("%d is a wanshu:",j);
```

```
                for(i=0;i<=n;i++)
                    printf("%d    ",k[i]);
                printf("\n");
            }
        }
    }
```

3.

```
#include<stdio.h>
#define N 10
void main()
{
    int i,j,max,tem,a[N];
    printf("please input ten num:\n");
    for(i=0;i<N;i++)
    {
        printf("a[%d]=",i);
        scanf("%d",&a[i]);
    }
    printf("\n");
    printf("Before sorted \n");
    for(i=0;i<N;i++)
        printf("%5d",a[i]);
    printf("\n");
    for(i=0;i<N-1;i++)
    {
        max=i;
        for(j=i+1;j<N;j++)
            if(a[max]<a[j]) max=j;
        if (max!=i)
        {
            tem=a[i];
            a[i]=a[max];
            a[max]=tem;
        }
    }
    printf("After sorted \n");
    for(i=0;i<N;i++)
        printf("%5d",a[i]);
    printf("\n");
}
```

4.

```
#include<stdio.h>
void main( )
{
    float a[3][3],sum=0;
    int i,j;
```

```
        printf("please input rectangle element:\n");
        for(i=0;i<3;i++)
            for(j=0;j<3;j++)
                scanf("%f",&a[i][j]);
        for(i=0;i<3;i++)
            sum=sum+a[i][i];
        printf("duijiaoxian he is %6.2f",sum);
    }
```

5.

```
    #include<stdio.h>
    #define N 5
    void main( )
    {
        int a[N]={9,6,5,4,1},i,temp;
        printf("\n original array:\n");
        for(i=0;i<N;i++)
            printf("%4d",a[i]);
        for(i=0;i<N/2;i++)
        {
            temp=a[i];
            a[i]=a[N-i-1];
            a[N-i-1]=temp;
        }
        printf("\n sorted array:\n");
        for(i=0;i<N;i++)
            printf("%4d",a[i]);
        printf("\n");
    }
```

6.

```
    #include<stdio.h>
    void main( )
    {
        int n,i;
        int a[10],b[10];
        a[0]=1;
        a[1]=1;
        printf("%-4d\n",a[0]);
        printf("%-4d%-4d\n",a[0],a[1]);
        for(n=3;n<=10;n++)
        {
            b[0]=1;
            for(i=1;i<n-1;i++)
                b[i]=a[i-1]+a[i];
            b[n-1]=1;
            for(i=0;i<n;i++)
```

```
            {
                printf("%-4d",b[i]);
                a[i]=b[i];
            }
            printf("\n");
        }
    }
```

7.

```
    #include<stdio.h>
    void main( )
    {
        int a[15]={1,4,9,13,21,34,55,89,144,233,377,570,671,703,812};
        int w,l,m,h;
        printf("please enter search number:");
        scanf("%d",&w);
        for(l=0,h=14;;)
        {
            m=(l+h)/2;
            if(w==a[m])
                break;
            if(w>a[m])
                l=m+1;
            if(w<a[m])
                h=m-1;
            if(l>h)
                break;
        }
        if(l>h)
            printf("无此数\n");
        if(w==a[m])
            printf("it is at %d \n",m+1);
    }
```

8.

```
    #include<stdio.h>
    #include<string.h>
    void main()
    {
        char a[3][81];
        int i,j,len;
        int num[5]={0,0,0,0,0};
        for(i=0;i<3;i++)
            gets(a[i]);
        for(i=0;i<3;i++)
        {
            len=strlen(a[i]);
            for(j=0;j<len;j++)
```

```
            {
                if(a[i][j]>='a'&&a[i][j]<='z')
                    num[0]++;
                else if(a[i][j]>='A'&&a[i][j]<='Z')
                    num[1]++;
                else if(a[i][j]==' ')
                    num[2]++;
                else if(a[i][j]>='1'&&a[i][j]<='9')
                    num[3]++;
                else
                    num[4]++;
            }
        }
        printf("小写字母、大写字母、空格、数字、其他字符的个数分别为%d,%d,%d,%d,%d\n",
    num[0],num[1],num[2],num[3],num[4]);
    }
```

9.

```
#include<stdio.h>
void main( )
{
    int i;char str1[100],str2[100];
    gets(str1);
    for(i=0;str1[i]!='\0';i++)
        if(str1[i]>='A'&&str1[i]<='Z')
            str2[i]=2*'A'+25-str1[i];
            /* str1[i]表示第（str1[i]-'A'+1)个字母，变成(26-(str1[i]-'A'+1)+1)个字母，对应的
ASCII 是 26-(str1[i]-'A'+1)+1+'A'-1=2*'A"+25-str1[i]    */
        else if(str1[i]>=97&&str1[i]<=122)
            str2[i]=2*'a'+25-str1[i];
        else
            str2[i]=str1[i];
    str2[i]='\0';
    printf("miwen is:%s\nyuanwen is:%s\n",str2,str1);
}
```

10.

```
#include<stdio.h>
#include<string.h>
void main( )
{
    int result=0;
    int i=0;
    char a[20],b[20];
    gets(a);
    gets(b);
    while(a[i]!='\0'&&b[i]!='\0')
    {
```

```
            if(a[i]!=b[i])
            {
                result=a[i]-b[i];
                break;
            }
            i++;
        }
        if(a[i]=='\0'&&b[i]!='\0')
            result=-b[i];
        else if(a[i]!='\0'&&b[i]=='\0')
            result=a[i];
        printf("返回值为%d\n",result);
    }
```

11.

```
#include<stdio.h>
#include<string.h>
void main( )
{
    int i;
    char a[20];
    char b[20];
    gets(a);
    i=-1;
    do
    {
        i++;
        b[i]=a[i];
    }while(a[i]!='\0');
    printf("复制后为%s\n",b);
}
```

12.

```
#include<stdio.h>
void main( )
{
    int i,s[5]={0},x;
    printf("Input some numbers(between 0 to 4):");
    scanf("%d",&x);
    while(x!=-1)
    {
        if (x>=0&&x<=4)
            s[x]++;
        scanf("%d",&x);
    }
    for(i=0;i<=4;i++)
        printf("%d: %d\n",i,s[i]);
}
```

13.

```
#include<stdio.h>
#include<string.h>
void main( )
{
        char a[80],b[80];
        int i=0,j;
        printf("Input two strings:\n");
        gets(a);
        gets(b);
        while(a[i]) i++;
        for(j=0;j<5&&b[j];j++)
                a[i++]=b[j];
        a[i]='\0';
        puts(a);
}
```

14.

```
#include<stdio.h>
void main( )
{
        int i,t,k,a[3];
        printf("There are following Armstrong number smaller than 1000:\n");
        for(i=2;i<1000;i++) //用穷举法进行计算和判断
        {
                for(t=0,k=1000;k>=10;t++)
                {
                        a[t]=(i%k)/(k/10); //截取整数的各位，分别赋予 a[0]-a[2]
                        k/=10;
                }
                if (a[0]*a[0]*a[0]+a[1]*a[1]*a[1]+a[2]*a[2]*a[2]==i)
                        printf("%d    ",i);
        }
}
```

第五单元 函数与模块化程序设计

一、填空题

1．main
2．return，void
3．递归，递归
4．地址传递，值传递
5．地址
6．void fun(double b[10][22])

二、选择题

1．A	2．B	3．A	4．A	5．A	6．A	7．C	8．B	9．A	10．B
11．B	12．A	13．C	14．D	15．C	16．B	17．C	18．C	19．D	20．A
21．B	22．D	23．C	24．C	25．D	26．D	27．A	28．C	29．B	30．B
31．B	32．C	33．D	34．D	35．C	36．B	37．A	38．D	39．B	

三、判断题

1．√	2．×	3．×	4．√	5．×	6．√	7．√	8．×	9．√	10．×
11．√	12．×	13．×	14．√	15．√	16．×	17．×	18．√	19．√	20．√
21．×	22．×	23．×	24．√	25．√	26．√	27．√	28．√	29．√	30．×

四、读程序，写结果

1．15	2．4，3，5	3．222	4．9.000000	5．10
6．2,2,2	7．13	8．5,5,	9．4 3 3 4	10．50
11．31	12．9	13. 15	14．2	15．5,5,2
16．13	17．7	18．0	19. -1	20．1
21．128	22．4	23．110	24．3	25．28
26．3	27．25	28．22	29．45	30．3
31．54321gfedcba	32．57	33．4,4,5,5	34．5	35．4,2,8,9
36．8 17	37．15	38．6,15,15	39．3 -1	40．0 81 72 6
41．222	42．10	43．30,20	44．120	

五、编程题

1．

```
#include <stdio.h>
```

```
int max(int x,int y)
{
    int z;
    x++;
    y=y+4;
    z=x>y?x:y;
    printf("x=%d,y=%d\t***\t",x,y);
    return(z);
}
main()
{
    int a,b,n_max;
    scanf("%d %d",&a,&b);
    n_max=max(a,b);
    printf("a=%d,b=%d\t***\t",a,b);
    printf("n_max=%d\n",n_max);
}
```

2.

```
include "stdio.h"
long fun(int x,int y,int z)
{
    long tiji;
    tiji=x*y*z;
    return tiji;
}

main()
{
    int a,b,c;
    long total;
    printf("请输入长方体的长、宽、高:\n");
    scanf("%d %d %d",&a,&b,&c);
    total=fun(a,b,c);
    printf("体积是:%ld\n",total);
}
```

3.

```
#include <stdio.h>
int root(int a,int b,int c)
{
    int s;
    s=b*b-4*a*c;
    return s;
}
main()
{
    int x,y,z;
```

```
    int ss;
    printf("请输入 x,y,z 的值:\n");
    scanf("%d%d%d",&x,&y,&z);
    ss=root(x,y,z);
    printf("%d\n",ss);
}
```

4.

```
#include <stdio.h>
double fun(int num,int day)
{
    double total;
    if(num<5)
        total=num*60;
    else if(num<25)
        total=num*60*(1-0.05);
    else if(num<50)
        total=num*60*(1-0.15);
    else
        total=num*60*(1-0.2);
    if(day<=3)
        total=total*(1-0.05);
    return total;
}
main()
{
    int number;
    int time;
    double s;
    printf("请输入购买的数量:\n");
    scanf("%d",&number);
    printf("请输入付款的天数:\n");
    scanf("%d",&time);
    s=fun(number,time);
    printf("账单金额是:%f 元\n",s);
}
```

第六单元　指　针

一、填空题

1．指针
2．取地址，指针
3．取变量 a 的地址
4．1
5．ab
6．p=i;
7．i<5;，*p
8．&n，*(month_name+n)
9．s++;，*t;，(p);
10．i++;，*p，++di;，p++;

二、单项选择题

1．D	2．D	3．C	4．B	5．D	6．B	7．C	8．A	9．B	10．A
11．B	12．C	13．C	14．D	15．B	16．C	17．D	18．B	19．A	20．D
21．C	22．A	23．B	24．C	25．A	26．B	27．D	28．A	29．B	30．B
31．C	32．A	33．D	34．A	35．B	36．D	37．D	38．C	39．B	40．C
41．D	42．C								

三、读程序，写结果

1．8,4
2．BCD
　CD
　D
3．11
4．7,8,7
5．Porm
6．10
7．a[2]=3
8．shob
9．World!
10．aaccbbxxyy,bbxxyy
11．0

12．59713

13．52

14．1,6

15．s=504

16．\”

17．0 1 2 3 4 5 6 7 8 9

0 1 2 3 4 5 6 7 8 9

18．12

19． g

20．ebcde

21．11,41,20

12,42,20

四、编程题（用指针实现）

1．

```
#include <stdio.h>
main()
{
    float sc[5],av=0,*sp;
    int i;  sp=sc;
    printf("\n 请输入五门功课的成绩:\n");
    for(i=0;i<5;i++)
        scanf("%f",sp+i);
    for(i=0;i<5;i++)
        av+=*(sp+i);
    av/=5.0;
    printf("平均分为：%5.2f\n",av);
}
```

2．

```
#include <stdio.h>
main()
{
    char *p="This is a book";
    int n=10;    //n 可以为小于等于字符串长度的任意整数
    p=p+n;
    printf("%s\n",p);
}
```

3．

```
#include<stdio.h>
fun(int *a,int *b)
{
    int result;
    result=(*a)*(*a)+(*b)*(*b);
```

```
    return result;
}
main()
{
    int x,y;
    printf("请输入两个整数：\n");
    scanf("%d  %d",&x,&y);
    printf("x*x+y*y=%d\n",fun(&x,&y));
}
```

4.

```
#include<stdio.h>
#define N 20
#define M 50
void strLink(char *s1,char *s2)
{
    while(*s1!='\0')
        s1++;
    while(*s2!='\0')
        *s1++=*s2++;
    *s1='\0';
}
main()
{
    char str1[M],str2[N];
    printf("请输入两个字符串:\n");
    gets(str1);
    gets(str2);
    strLink(str1,str2);
    printf("输出合并后字符串%s:\n",str1);
}
```

5.

```
#include<stdio.h>
#include <string.h>
#define N 20
void delChar(char *s,int m)
{
    int i;
    char *temp;
    temp=s+m;
    for(i=0;i<m-1;i++)
        s++;
    while(*temp!='\0')
        *s++=*temp++;
    *s='\0';
}
main()
```

```
{
    char str[N];
    int k;
    printf("请输入一个字符串:\n");
    gets(str);
    printf("请输入要删除第几个字母:\n");
    scanf("%d",&k);
    if(k>strlen(str))
        printf("超出字符长度，不执行删除操作！");
    else
        delChar(str,k);
    printf("%s\n",str);
}
```

第七单元　结构体与公用体

一、填空题

1．结构体类型
2．struct
3．struct Employee
4．struct Employee emp1，struct Employee *p
5．24
6．. 或 成员，->或指向
7．(*b).day，b->day
8．student.d.c
9．p->no=1234
10．2，3

二、选择题

1. A	2. A	3. C	4. A	5. B	6. D	7. D	8. D	9. D	10. D
11. C	12. B	13. D	14. B	15. B	16. C	17. B	18. C	19. D	20. D
21. D	22. A	23. D	24. D	25. C	26. B	27. A	28. B	29. C	

三、判断题

1. √	2. ×	3. √	4. ×	5. ×	6. ×	7. ×	8. ×	9. ×	10. ×
11. ×	12. √	13. √	14. √	15. ×					

四、读程序，写结果

1．2002 Shangxian
2．10,x
3．2041 2044
4．ABCDE
5．tom 9
6．name=zhangsan,grade=90
7．21,n
8．10,yes
9．zhangping 20
10．51,60,21
11．x=72　p->x=9

12．s=345.000000 average=69.000000 count=2

五、编程题

1．

```
#include <stdio.h>
#define N 3
struct goods
{
	int num;
	char name[20];
	float price;
	int s;
};
main()
{
	struct goods g[N];
	int i;
	printf("按提示输入%d 种商品的商品编号、商品名称、单价、数量：\n",N);
	for (i=0;i<N;i++)
	{
		printf("请输入第%d 种商品的\n",i);
		printf("商品编号：");
		scanf("%d",&g[i].num);
		printf("商品名称：");
		scanf("%s",g[i].name);
		printf("单价：");
		scanf("%f",&g[i].price);
		printf("数量：");
		scanf("%d",&g[i].s);
	}
	printf("商品编号   商品名称   单价   数量\n");
	for (i=0;i<N;i++)
		printf("%6d%10s%8.2f%5d\n",g[i].num,g[i].name,g[i].price,g[i].s);
}
```

2．

```
#include <stdio.h>
#include <stdlib.h>
#include <conio.h>
#define N 10
struct goods_info
{
	int num;                /*商品编号*/
	char name[20];          /*商品名称*/
	long count;             /*数量*/
	float price;            /*单价*/
```

```
};
int findgoods(struct goods_info *goods_arr,int findnum);  /*查找商品，找到返回该商品数组下标，没
找到返回-1*/
void addstock(struct goods_info *goods_arr);  /*增加库存*/
void substock(struct goods_info *goods_arr);  /*减少库存*/
void main()
{
    int selmenu;                /*菜单选择项*/
    int goodsnum;               /*查找的商品编号*/
    int i;                      /*数组下标*/
    struct goods_info goods[N]={{1001,"毛巾",200,3.50},{1002,"床单",30,20.00},
{1003,"被罩",50,25.00},{1004,"棉被",25,45.00},
{1005,"大衣",40,50.00},{1006,"鞋",55,30.00},
{1007,"帽子",30,15.00},{1008,"背包",33,20.00},
{1009,"仪表",20,45.00},{1010,"棉衣",40,25.00}};
    do
    {
        system("cls");              /*清屏*/
        printf("\n\n");
        printf("\t\t=========商品库存管理系统=========\n\n");
        printf("\t\t\t1.商品入库\n");
        printf("\t\t\t2.商品出库\n");
        printf("\t\t\t3.商品查找\n");
        printf("\t\t\t4.退出\n\n");
        printf("\t\t 请输入功能选项号码：");
        scanf("%d",&selmenu);
        system("cls");
        switch(selmenu)
        {
        case 1: addstock(goods);break;          /*入库*/
        case 2: substock(goods);break;          /*出库*/
        case 3:                                 /*查找商品*/
        printf("请输入要查找的商品编号");
        scanf("%d",&goodsnum);
        i=findgoods(goods, goodsnum);     /*调用查找函数*/
        printf("\n");
        if(i<0)
            printf("输入商品编号错误，没找到该商品！");
        else
        {
            printf("商品编号\t 名称\t 数量\t 单价\n");
            printf("%d\t\t%s\t%d\t%.2f\n",goods[i].num,goods[i].name,
                goods[i].count,goods[i].price );
        }
        getch();
        break;
        case 4: break;                          /*退出*/
```

```
            default:
                printf("输入错误!!\n");
                getch();
            }
        }while(selmenu!=4);
}
int findgoods(struct goods_info *goods_arr,int findnum)
{
    int i;
    for(i=0;i<N;i++,goods_arr++)
    {
        if(goods_arr->num==findnum)
            return i;
    }
    return -1;
}
void addstock(struct goods_info *goods_arr)
{
    int i,addnum,addcount;
    printf("请输入入库商品编号：");
    scanf("%d",&addnum);
    i=findgoods(goods_arr,addnum);
    if(i<0)
    {
        printf("输入商品编号错误，入库失败！");
        getch();
    }
    else
    {
        printf("请输入入库数量：");
        scanf("%d",&addcount);
        goods_arr[i].count+=addcount;
    }
}
void substock(struct goods_info *goods_arr)
{
    int i,subnum,subcount;
    printf("请输入出库商品编号：");
    scanf("%d",&subnum);
    i=findgoods(goods_arr,subnum);
    if(i<0)
    {
        printf("输入商品编号错误，出库失败！");
        getch();
    }
    else
```

```
    {
        printf("请输入出库数量：");
        scanf("%d",&subcount);
        if(subcount>goods_arr[i].count)
        {
            printf("编号为%d 的%s 库存为%d，不足出库，出库失败！",goods_arr[i].num,
goods_arr[i].name,goods_arr[i].count );
        getch();
    }
    else
            goods_arr[i].count- =subcount;
    }
}
```

第八单元　文　　件

一、填空题

1．!feof(fp)

2．fname，fp

3．i+1

4．"bi.Dat","w" 或 "bi.dat","w" 或 "bi.dat","r+"

二、选择题

1．B　2．B　3．A　4．D　5．B　6．D　7．B　8．C　9．A　10．D

11．A　12．C　13．D　14．B　15．C　16．D　17．A　18．D　19．C

三、读程序，写结果

1．1　2

2．end

3．abc

4．123　0

5．20　30

6．hello,